Die
Ölfeuerungstechnik

Von

Dr.-Ing. O. A. Essich

Zweite, vermehrte und verbesserte Auflage

Mit 209 Textabbildungen

Springer-Verlag Berlin Heidelberg GmbH

1921

Vorwort zur ersten Auflage.

Die Ölfeuerungstechnik, in den Rohöl erzeugenden Ländern so alt wie die Ölgewinnung selbst, hat im 19. Jahrhundert äußerst langsame Fortschritte gemacht. Dies lag vor allem daran, daß der Ölpreis sehr niedrig war und infolgedessen selbst technisch unvollkommene Feuerungen immer noch wirtschaftlich wettbewerbsfähig waren. Dies wurde erst anders, als sich die Ölfeuerung auch in denjenigen Ländern einführte, welche selbst kein Rohöl erzeugten. Wenn auch dort, speziell in Deutschland, als Ersatz Steinkohlenteeröle und andere ähnliche Öle zur Verfügung standen, so war doch die Menge derselben nicht so groß, daß die rasch wachsende Nachfrage den Preis nicht in die Höhe getrieben hätte. Dieser Preis ließ zwar in vielen Fällen noch eine wirtschaftliche Anwendung der Ölfeuerung zu, er führte aber dazu, daß, während in den Rohölländern auf geringen Ölverbrauch vielfach überhaupt kein Wert gelegt wurde, wenn nur die Feuerung selbst einfach und billig war und zuverlässig arbeitete, in den rohölarmen Ländern, speziell Deutschland, von der Feuerung außerdem verlangt wurde, daß der Brennstoff höchstmöglich ausgenutzt würde und die Zerstäubungseinrichtung möglichst geringe Betriebskosten verursache. Die deutsche Ölfeuerungsindustrie hat sich diesen Forderungen rasch angepaßt und Konstruktionen herausgebracht, die zum Teil mit Pressungen bis herab zu 150 und 100 mm WS. arbeiten, also mit in vielen Betrieben vorhandenen Schmiedeventilatoren betrieben werden können und den Brennstoff gut zerstäuben und mit geringstem Luftüberschuß verbrennen. Diese Erfolge haben denn auch dazu beigetragen, daß sich die Ölfeuerung rasch in vielen Betrieben einführte, und es ist über Ölfeuerungsanlagen in einer Reihe deutscher Zeitschriften und sonstigen Einzeldarstellungen eingehend berichtet worden. Eine zusammenhängende, ausführliche und zeitgemäße Darstellung des heutigen Standes der Ölfeuerungstechnik fehlte jedoch bisher. Ich habe es mir daher zur Aufgabe gemacht, in vorliegendem Buche die Lücke auszufüllen, und habe diese Aufgabe für um so wichtiger gehalten, als zurzeit Versuche im Gange sind, den wichtigsten aller Brennstoffe, die Kohle, in wirtschaftlicher Weise durch Anreicherung mit Wasserstoff auf chemischem Wege zu verflüssigen. Mit der Erreichung dieses Zieles würde die Ölfeuerungstechnik zum wichtigsten Teil der Feuerungstechnik überhaupt.

a*

Die theoretischen Erörterungen der vorliegenden Arbeit beruhen teils auf in der Praxis beim Bau von Ölfeuerungsanlagen gesammelten Erfahrungen, teils auf besonders hierzu angestellten Versuchen. Dasselbe gilt von vielen der wiedergegebenen Ofen- und Düsenkonstruktionen. Im übrigen habe ich es mir zur Aufgabe gemacht, aus den wichtigsten Einzelveröffentlichungen in den technischen Zeitschriften der letzten Jahre (insbesondere »Feuerungstechnik«, »Zeitschrift für Dampfkessel- und Maschinenbetrieb«, »Glückauf«, »Petroleum«, »Stahl und Eisen«) das für die Allgemeinheit Wissenswerte zu zitieren [s. Literaturverzeichnis]. Endlich und nicht zum wenigsten verdanke ich einen Teil des veröffentlichten Materials den Ölfeuerungsfirmen Deutschlands, Österreichs und der Schweiz, die mich in entgegenkommendster Weise mit Zeichnungen und Mitteilungen unterstützten, wofür ich ihnen auch an dieser Stelle meinen Dank ausspreche. Ich hoffe in dem vorliegenden Buche gleichermaßen Anregungen für die Konstruktion wie für die Anwendung der Ölfeuerungen zu geben.

Breslau, Januar 1919.

Der Verfasser.

Vorwort zur zweiten Auflage.

Der Anklang, den »Die Ölfeuerungstechnik« in der Praxis gefunden hat, macht schon nach knapp zwei Jahren eine zweite Auflage notwendig. Wenn auch in Deutschland infolge der Valutaverhältnisse sich der Ölfeuerung zum Teil recht erhebliche Schwierigkeiten entgegenstellen, so ist doch die Zukunft der Ölfeuerung größer als je (vgl. die Ausführungen auf S. 1).

Den mir aus dem Leserkreise zugegangenen Wünschen um ausführlichere Behandlung einiger Abschnitte habe ich gerne Rechnung getragen. Ich hoffe, daß der zweiten Auflage eine ebenso geneigte Aufnahme wie der ersten beschieden sein wird.

Breslau, Januar 1921.

Der Verfasser.

Inhaltsübersicht.

Literatur.

Hausenfelder, Teerölverwertung für Heiz- und Kraftzwecke. (Stahl u. Eisen, 1912.)

Roßmäßler, Die flüssigen Heizmaterialien und ihre Anwendung.

Sußmann, Ölfeuerungen für Lokomotiven.

Essich, Über Ölfeuerungen mit besonderer Berücksichtigung der Zerstäuberbrenner. (Petroleum, 1915.)

Essich, Über Öldruckzerstäuber. (Feuerungstechnik, 1915.)

Essich, Zerstäuberbrenner für Öl. (Feuerungstechnik, 1915.)

Meier, Öl- und Gasfeuerungen. (Technische Mitteilungen, 1915.)

Ring, Anlage und Betrieb eines Kleinmartinofens mit Teerölfeuerung. (Stahl und Eisen, 1914.)

Schweitzer, Rohölfeuerung im mexikanischen Hüttenwerken. (Stahl u. Eisen.)

Krafft, Residuenfeuerungen bei den rumänischen Staatsbahnen. (Feuerungstechnik, 1912.)

Hartmann, Versuch mit einem Calorexmuffelfeuer bei Kesselausbesserungen. (Z. d. V. d. I., 1911.)

Schmitz, Die flüssigen Brennstoffe.

Schmidt, Industrielle Ölfeuerungsanlagen. (Feuerungstechnik 1915, Nr. 25, S. 257 ff.)

Technische Mitteilungen der k. k. Österreichischen Staatsbahnen, Gruppe B, Reihe 2, Nr. 1.

I. Die Heizöle.

A. Die weltwirtschaftliche Bedeutung des Heizöls.

Angesichts des in aller Welt sich geltend machenden Kohlenmangels ist die Ölfrage zu einer politischen Frage erster Ordnung geworden. Die Vorteile der Ölfeuerung für Kriegs- und gewisse Handelsschiffe sind so bedeutend, daß im Fall eines Krieges der Besitz von Ölfeldern einen entscheidenden Einfluß auf den Ausgang nehmen kann. Amerika hat bisher aus seinen eigenen Ölquellen etwa 70% der Weltproduktion gedeckt. Die zunehmende Wichtigkeit der Ölfrage hat aber England veranlaßt, sich den Besitz von Ölfeldern zu sichern, die in der ganzen Welt wie ein Netz verteilt, seiner Flotte im Frieden und Krieg die Beherrschung des Meeres sichern sollen. Es besitzt in seinen Kolonien Ölfelder in Ostindien, Britisch-Borneo und Trinidad. Durch den Krieg sind die Ölfelder von Baku, Persien und Mesopotamien in englischen Besitz gelangt. Auch sind die ehemals deutschen Ölinteressen in Rumänien zum großen Teil in englischen Besitz übergegangen. Endlich hat England sich, durch Übernahme holländischer Interessen einen Teil der mexikanischen Ölfelder gesichert.

Aber auch Amerika, dessen Quellen nur noch etwa ein Menschenalter vorhalten werden, macht die größten Anstrengungen, seine bisherige Stellung auszubauen und zu sichern, indem es sich an der Ölgewinnung außerhalb der Vereinigten Staaten beteiligt. Insbesondere kommen hier Mexiko und Argentinien in Betracht, von denen ersteres etwa 6% der Welterzeugung deckte und noch sehr reiche Lager besitzt.

Gegenüber diesem Wettlauf der beiden Weltmächte treten die Ölinteressen der anderen Länder in den Hintergrund

B. Gewinnung und Eigenschaften des Heizöls.

Mit Heizöl bezeichnet man diejenigen flüssigen Brennstoffe, welche in der Hauptsache aus Kohlenstoff und Wasserstoff, daneben Schwefel, Sauerstoff und Stickstoff bestehen, im allgemeinen bei niederen Temperaturen dickflüssig sind und bei der Verdampfung einen festen Rückstand, im wesentlichen Kohlenstoff, hinterlassen. Für die Beurteilung der Verwendbarkeit für Heizzwecke sind hauptsächlich folgende Eigenschaften maßgebend:

Chemische Zusammensetzung,

Heizwert,

Luftbedarf,

Flammpunkt,

Viskosität,

spezifisches Gewicht.

Der Heizwert kann aus der chemischen Zusammensetzung nach der Verbandsformel $H_u = 8100\,C + 29000\left(H - \dfrac{O}{8}\right) + 2500 \cdot S - W$ berechnet werden, wobei H_u den unteren Heizwert von 1 kg Öl, C den darin enthaltenen Kohlenstoff, H den darin enthaltenen Wasserstoff, S den darin enthaltenen Schwefel, W das darin enthaltene Wasser bedeutet. Diese Berechnung gibt jedoch den Heizwert nur annähernd wieder. Seine genaue Bestimmung kann nur durch die kalorimetrische Bombe erfolgen.

Der Luftbedarf läßt sich aus der Formel[1])

$$L = \frac{\dfrac{8}{3}\,C = 8H + S - O}{0,23}\ \text{kg}\ .$$

berechnen.

Unter Flammpunkt versteht man die niedrigste Temperatur, bei der die dem Öl entweichenden Dämpfe mit der Luft ein brennbares Gemisch bilden; unter Viskosität den Quotienten der Ausflußzeiten von 100 cm³ der betreffenden Flüssigkeit und reinem Wasser unter gleichen Bedingungen. Die Viskosität ändert sich mit der Temperatur, es sollte daher stets angegeben werden, bei welcher Temperatur sie gemessen ist.

Die Heizöle, welche für die Verfeuerung in industriellen Betrieben in Betracht kommen, lassen sich in der Hauptsache in zwei Gruppen einteilen:

    1) das Erdöl und seine Verarbeitungsprodukte,
    2) der Steinkohlenteer und der Braunkohlenteer und ihre Verarbeitungsprodukte.

1) Das Erdöl und seine Verarbeitungsprodukte. Das Erdöl (Rohöl, Naphtha) findet sich in einer Reihe von Ländern, hauptsächlich den Vereinigten Staaten, Kanada, Rußland, Galizien, Rumänien, Indien, Japan, Mexiko, Peru, Deutschland, Italien. Die Weltproduktion wird für 1917 auf rund 60 Millionen Tonnen angegeben. Die Tabelle der Heizöle gibt über spezifisches Gewicht, Flammpunkt und Zusammensetzung Aufschluß.

Der Heizwert des Rohöls schwankt zwischen 9500 und 11500 WE. Das Rohöl wird durch fraktionierte Destillation in folgende Bestandteile zerlegt: Benzin, Petroleum, Gasöl, als Rückstand verbleibt Masut.

Die ersten beiden Destillationsprodukte kommen als Heizöle nicht in Betracht. Der Masut beträgt etwa 50 % des Rohöls und stellt das am meisten verfeuerte Heizöl dar.

2) Der Steinkohlenteer und seine Verarbeitungsprodukte. Der Steinkohlenteer entsteht bei trockener Destillation der Steinkohle. Man unterscheidet je nach der Art der verwendeten Öfen Horizontalofenteer,

---

[1]) Schmitz, Die flüssigen Brennstoffe, S. 14.

Vertikalofenteer, Kammerofenteer und Koksofenteer[1]). Der Teer wird durch fraktionierte Destillation zerlegt in

1) Leichtöl bis 170° Siedegrenze,
2) Mittelöl » 230° »
3) Schweröl » 270° »
4) Anthrazenöl mit 320° »
5) Pech als Rückstand.

Das Mittelöl enthält bis zu 40 %, das Schweröl bis zu 20 % Naphthalin. Das in Deutschland in großem Maßstabe zu Heizzwecken benutzte Teeröl besteht aus Mittelöl, Schweröl und Anthrazenöl.

Das Naphthalin[2]) kann insofern zu den flüssigen Brennstoffen gerechnet werden, als es vielfach über einen Schmelzpunkt von 80° erhitzt wie Heizöl verfeuert wird. Zur Verfeuerung eignet sich insbesondere Rohnaphthalin infolge seines niedrigen Preises. Reines Naphthalin schmilzt bei 80°, Rohnaphthalin enthält Teeröl; je größer der Teerölgehalt, desto niedriger der Schmelzpunkt. Bei 50 % Teerölgehalt beträgt derselbe 52° C, bei 75 % Teerölgehalt 25° C. Der Heizwert des Naphthalins beträgt etwa 9400 WE. Das Naphthalin ist zur Verfeuerung auf 100 bis 120°, die Verbrennungsluft auf 100° vorzuwärmen. Die Naphthalinleitungen sind durch Dampfleitungen mit gemeinsamer Isolierung zu heizen. Kalte Zerstäubungsluft läßt das Naphthalin leicht gefrieren und führt zur Verstopfung der Düsen. Daher ist beim Anheizen zur Erwärmung der Luft derselben Dampf zuzusetzen und der Zerstäuber mit einer Lötlampe anzuwärmen.

Ebenso kann geschmolzenes Pech in Zerstäubern verfeuert werden.

Über die hauptsächlichsten Eigenschaften der Steinkohlenteere und ihrer Destillationsprodukte gibt die nachstehende Tabelle Aufschluß. Der Teer ist bei gewöhnlicher Temperatur außerordentlich zähflüssig und bedarf daher zur Verfeuerung einer Vorwärmung auf etwa 70 bis 80°. Wird die Vorwärmung zu hoch getrieben, so kann wegen teilweiser Verdampfung der leicht siedenden Bestandteile in der Rohrleitung ein ungleichmäßiges Brennen der Zerstäuber stattfinden. Ist die Vorwärmung zu niedrig, so kann infolge der großen Zähflüssigkeit des Teers ein ungenügender Durchfluß und selbst ein Verstopfen der Rohrleitungen und Düsen eintreten.

3) Der Braunkohlenteer und seine Verarbeitungsprodukte. Der Braunkohlenteer entsteht bei der trockenen Destillation der Braunkohle. Er hat ein spezifisches Gewicht von 0,85 bis 0,91. Seine hauptsächlichsten Destillationsprodukte sind Braunkohlenteerbenzin, Solaröl, Paraffinöl, Kreosotöl. Über die wichtigsten Eigenschaften des Braunkohlenteers und seiner Verarbeitungsprodukte gibt die nachstehende Tabelle Aufschluß.

[1]) **Schmitz**, Die flüssigen Brennstoffe, S. 17.
[2]) **Bruhn**, Rohnaphthalin als Ersatz für Teeröl, St. u. E., 1914, S. 1691.

1*

Übersicht der wichtigsten Heizöle.

Heizöle	Spez. Gewicht	Chemische Zusammensetzung				Größter Wasser-gehalt %	Freier Kohlen-stoff bis %	Unterer Heizwert WE/kg	Theor. Luft-bedarf cbm, kg	Flamm-punkt °C	Viskosität
		C %	H %	O+N %	S %						
Rohöl											
Pennsylvanisches	0,805	83,6	12,9	3,0						<15	
Kalifornisches	0,962	86,9	11,8	1,3						82	
Russisches	0,880	86,0	13,0	1,0				9500		31	
Galizisches	0,862	85,3	12,6	2,1				—	11	<15	
Rumänisches	0,840	85,3	14,2	0,5				11500		<15	
Mexikanisches	0,943	82,7	11,47	3,56 · 2,27						24	
Deutsches (Wietze)	0,939	86,0	11,0	2,0						102	
Gasöl	0,85 – 0,87	86,2	12,65	1,15				9900	11	53—109	
Masut (Pakura)	0,89—0,93	86,3	12,5	1,2				10700	10,5	70—140	
Horizontalofenteer	1,1—1,2	89,3	4,95	5,3	0,34	5	33	8150—8350	9,1	65—100	
Vertikalofenteer	1,09—1,18	89,45	6,05	3,46	0,5	3	2—4	8750	9,42	40—70	
Kammerofenteer	1,08—1,09	88,7	6,8	4,15	0,35	1,3 — 1.6	2,3—3	8750	9,3	50—60	
Koksofenteer		89,0	6,1	4,5	0,4	5	2—12	8750	9,2		
Teeröl	1,04—1,05	90,0	7,0	2,7—2,3	0,3—0,7	1	—	8800—9200	10	65—85	bei 20° 1,4
Naphthalin	1,15	93,75	6,25	—	—	—	—	9600	10	80	
Braunkohlenteer	0,85—0,91										
Solaröl	0,825—0,83	85,5	12,3	1,38	0,83			9980	10,8	45—50	
Paraffinöl	0,85—0,92	85,7 — 86,4	11,1—11,6	0,7—1.5	0,8—1,2			9750—9825	10,7	66—120	
Kreosotöl	0,94—0,98	80,1	9,7	8,9	1,3			8700		90	

II. Die Grundlagen der Wirtschaftlichkeit der Ölfeuerung.

Auf die Wirtschaftlichkeit der Ölfeuerung sind eine Reihe einzelner Faktoren von Einfluß, die nachstehend erörtert werden.

Brennstoffkosten, Heizwert und Wirkungsgrad.

1000 WE. kosten in Deutschland im Durchschnitt

im Generatorgas bei Nebenproduktengewinnung 1— 5 Pf.
in gewöhnlichem Generatorgas . . . . 5— 8 »
in der Kohle . . . . 3— 4 »
im Teeröl . . . . 9—10 »
im Koksofengas . . . . 10—15 »
im Leuchtgas . . . . 20—30 »

Abgesehen davon, daß diese Zahlen infolge der Schwankungen der deutschen Mark und auch der nicht mehr festen Weltmarktpreise nur relative Giltigkeit haben, können sie auch sonst nicht ohne weiteres als Vergleichszahlen für die Brennstoffkosten bei den verschiedenen Feuerungsarten benutzt werden, vielmehr muß die Wärmeausnutzung, der Wirkungsgrad der Feuerungsanlage bzw. der pyrometrische Effekt berücksichtigt werden. Der Wirkungsgrad aber ist im allgemeinen um so höher, je höher der Heizwert des Brennstoffs ist. Da nun von den angegebenen Brennstoffen Heizöl den höchsten Heizwert besitzt, ist auch unter gleichen Umständen der Wirkungsgrad bei Ölfeuerung am höchsten. Dies hat zur Folge, daß in vielen Fällen trotz der höheren Kosten pro 1000 WE. die Ölfeuerung schon in bezug auf die Brennstoffkosten anderen Feuerungen, insbesondere der Kohlenfeuerung, überlegen ist.

Anlagekosten. Die Anlagekosten sind bei reiner Kohlenfeuerung im allgemeinen niedriger als bei Ölfeuerung, sofern es sich bei letzterer um eine Anlage mit Gebläse handelt. Die höheren Verzinsungs- und Amortisationsunkosten einer Ölfeuerungsanlage werden jedoch unter Umständen durch den überlegenen Wirkungsgrad mehr als ausgeglichen. Im Vergleich zur Generatorgasfeuerung stellt sich die Ölfeuerung auch in bezug auf Anlagekosten wesentlich günstiger. Letztere betragen für eine Generatoranlage, insbesondere eine solche mit Nebenproduktengewinnung, ein Vielfaches der Anlagekosten einer Ölfeuerung. Die hohen Anlagekosten bei Generatorgasfeuerung haben daher zur Folge, daß, wenn die stündlich zu vergasende Brennstoffmenge unterhalb einer gewissen Grenze bleibt, die Betriebskosten durch Amortisation und Verzinsung wesentlich erhöht werden, unter Umständen so sehr, daß dieselben trotz des billigeren Brennstoffs höher werden als bei Ölfeuerung. Letzteres kann insbesondere dann der Fall sein, wenn zwar große stündliche Wärmemengen gebraucht werden, dieser Bedarf aber nur auf wenige

Tagesstunden sich erstreckt, so daß sich ein geringer Ausnutzungsfaktor der Anlage ergibt. In solchen Fällen ist daher die Anlage einer Öl-feuerung gegeben, welche geringe Anlagekosten erfordert und eine kurze Anheizdauer aufweist.

Abbrand. Von weit größerem Einfluß auf die Betriebskosten als der Brennstoffverbrauch kann unter Umständen der Abbrand sein. Bei einem Tiegelschmelzofen z. B., in welchem Material im Werte von 30 Mark das kg mit einem Ölverbrauch von 8 % niedergeschmolzen wird, ent-spricht ein Abbrand von $^1/_2$ % einem Betrage von 15 Mark je 100 kg, d. h. dem doppelten Betrag der Brennstoffkosten. Mit anderen Worten, wenn es (was tatsächlich der Fall ist) durch Verwendung der mit ge-ringerem Luftüberschuß arbeitenden Ölfeuerung an Stelle der Koksfeue-rung gelingt, den Abbrand um auch nur $^1/_4$ % herabzudrücken, so sind damit die Brennstoffkosten vollständig gedeckt, während die bisher für Koks ausgegebenen Brennstoffkosten gespart werden. Tatsächlich ist beim Ölschmelzofen die Ersparnis an Abbrand gegenüber dem Koksofen noch wesentlich höher, und ähnliche Verhältnisse treten auch bei anderen Ofenarten mehr oder weniger zutage.

Bedienungskosten. Ein wesentlicher Vorteil der Ölfeuerung ist die geringere Bedienung, die sie erfordert. Das Anheizen wird erheb-lich abgekürzt. Die Überwachung der Verbrennung, die ständige Zufuhr von Brennstoff durch Handarbeit, der Aschen- und Schlackentransport, die Erneuerung von Roststäben usw. fällt weg. Außerdem ergibt sich ein rauchfreier, sauberer Betrieb. Alle diese Faktoren lassen sich von Fall zu Fall mehr oder weniger zahlenmäßig bewerten.

Regelbarkeit. Während die Reglung von mit festen Brennstoffen betriebenen Feuerungen insofern schwierig ist, als sich nicht ohne wei-teres erkennen läßt, ob die Verbrennung mit oder ohne Luftüberschuß erfolgt, ist dies bei einiger Erfahrung bei der Ölfeuerung unschwer mög-lich. Außerdem erfolgt die Verbrennung bei festem Brennstoff nicht so gleichmäßig, wie dies bei Ölfeuerung der Fall ist, da die Verbrennung wesentlich von der sich dauernd verändernden Schütthöhe abhängig ist. Dieser Vorteil der Ölfeuerung ist aber gerade dann besonders wichtig, wenn es sich um die Erzielung hoher Temperaturen handelt, da hierbei schon eine wenig falsche Einstellung die Temperatur wesentlich herab-drückt. Dies ist der Grund, weshalb sich bei mit hohen Temperaturen arbeitenden Öfen eine große Brennstoffersparnis durch Anwendung der Ölfeuerung ergeben hat. Ein Beispiel dafür ist der tiegellose Stahlschmelz-ofen, welcher überhaupt erst durch die Ölfeuerung möglich wurde.

Qualität des erzeugten Materials. Auch diese ist in hohem Maße von Einfluß auf die Wirtschaftlichkeit der Feuerung. Wenn sich durch Anwendung einer Feuerungsart ein besseres und im Preise wertvolleres Material erzielen läßt als durch eine andere Feuerungsart, so ist der Mehrwert des Materials beim Vergleich der Gestehungskosten als Ersparnis zugunsten der ersteren zu berücksichtigen. In vielen Fällen trifft dies für die Ölfeuerung zu. Der Grund hierfür kann sowohl darin liegen, daß es mit der Ölfeuerung möglich ist, durch dauernde Einhaltung ein und derselben Temperatur ständig ein und dasselbe Material zu erzeugen, oder darin, daß sich in der neutralen bzw. reduzierenden Flamme der Ölfeuerung eine geringere Zunderbildung ergibt; oder darin, daß der geringere Schwefel- und Sauerstoffgehalt der Ölflamme die Zusammensetzung des im Ölofen erschmolzenen Materials günstig beeinflußt. Die Bewertung dieser Möglichkeiten muß von Fall zu Fall erfolgen. Ebenso ist bei keramischen Brennöfen die dauernde Rußfreiheit einer guten Ölfeuerung von großer Wichtigkeit.

Brennstoffgewicht und Aktionsradius. Die Vorteile des hohen Heizwertes sowie des besseren Wirkungsgrades der Ölfeuerung gegenüber der Kohlenfeuerung kommen bei den beweglichen Feuerungen, wie sie die Kesselfeuerungen der Schiffe und Lokomotiven darstellen, zur Geltung. Bei Lokomotiven gestattet die Ölfeuerung das Zurücklegen wesentlich größerer Strecken ohne Brennstoffaufnahme. Die Rußbelästigung und der Funkenwurf fallen weg, was besonders in stark bewohnten Gegenden von Wichtigkeit ist. Bei Schiffskesseln ist der durch Ölfeuerung erreichbare hohe Aktionsradius und die Möglichkeit einer starken Kesselforcierung von Wichtigkeit.

III. Die Technik der Ölfeuerung.

1. Die physikalischen Vorgänge bei der Ölverbrennung.

Bei der Verbrennung von Heizöl ist es wie bei jedem Brennstoff von Wichtigkeit, dasselbe vollständig und mit geringstem Luftüberschuß zu verbrennen. Der erste Teil der Aufgabe ist bei den meisten Heizölen insofern besonders schwierig, als dieselben nicht verdampfende Rückstände enthalten, welche, wenn die Verdampfung in Berührung mit festen Gegenständen erfolgt, sich an denselben festsetzen, verkoken und zu einer Betriebsstörung führen, wenn diese Rückstände (in der Hauptsache reiner Kohlenstoff) nicht in regelmäßigen Zeiträumen entfernt werden. Es gilt daher, entweder die Ausscheidung dieser Rückstände überhaupt zu vermeiden oder durch die Möglichkeit regelmäßiger Reinigung diese Schwierigkeit zu überwinden. Der zweite Teil der Aufgabe, die Verbrennung mit geringstem Luftüberschuß, ist verhältnismäßig einfacher zu erfüllen. Er erfordert lediglich eine sorgfältige Mischung von Luft und Brennstoff. Diese beiden Aufgaben haben konstruktiv drei Lösungen gefunden:

    1) durch Tropffeuerungen mit hoch erhitzter Luft,
    2) durch Verdampferbrenner,
    3) durch Zerstäuberbrenner.

Die Tropffeuerung in hoch erhitzter Luft macht die Kohlenstoffausscheidung dadurch unschädlich, daß der Kohlenstoff im Entstehungszustande von einem Strom hochvorgewärmter Luft (bis zu 1000°) getroffen und restlos verbrannt wird. Bei Verdampferbrennern geeigneter Konstruktion wird die Kohlenstoffausscheidung zwar nicht vermieden, aber durch regelmäßige Reinigung oder Auswechslung des Verdampfers unschädlich gemacht. Am vollkommensten jedoch wird das Problem der restlosen Ölverbrennung durch Zerstäubung gelöst, weil hierbei in der Flamme Verdampfung und Verbrennung großenteils räumlich zusammenfallen und der bei der Verdampfung sich ausscheidende Kohlenstoff im Entstehungszustand im Luftstrom frei schwebend verbrennen kann, während im Gegensatz zur Tropffeuerung gleichzeitig eine fast völlig gleichmäßige Mischung von Luft und Öl schon vor der Verbrennung erzielt wird.

Jedes der drei Verfahren hat gewisse Vorteile und Nachteile. Das Tropfverfahren erfordert zwar kein Gebläse, ist aber nur mit hoch erhitzter Luft durchführbar, da bei ungenügend erhitzter Luft der ausgeschiedene Kohlenstoff nicht verbrennt. Die Lufterhitzung erfolgt durch Rekuperation oder Regeneration. Da beide bei kaltem Ofen unmöglich sind, so ergibt sich, daß die Verbrennung anfänglich nicht nur mit starker Rußentwicklung und unvollkommener Brennstoffausnutzung arbeitet, sondern auch, daß das Anheizen verhältnismäßig viel Zeit in Anspruch nimmt. Diese Öfen eignen sich daher nur für ununterbrochenen Betrieb. Während der Betriebspausen müssen sie, wenn auch mit verringertem Ölverbrauch, durchgefeuert werden.

Die Verdampferbrenner haben, wie die Tropffeuerungen, den Vorteil größter Einfachheit und Wegfalls jeglichen Gebläses. Die Verdampfung erfolgt durch die Ölflamme selbst. Daher ist zum Anheizen ein Hilfsfeuer notwendig. Außerdem erfordern diese Brenner eine tägliche Reinigung, die den Betrieb verteuert, wenn nicht die Konstruktion des Brenners eine genügend einfache Art der Reinigung zuläßt. Auch die Regulierbarkeit dieser Brenner läßt zu wünschen übrig. Die Grundsätze nach denen die Verbrennung des Öldampfes erfolgt, sind dieselben wie bei reiner Gasfeuerung. Es ist daher von besonderer Wichtigkeit, die Öldämpfe rasch und gleichmäßig mit der Luft zu mischen.

Der Hauptvorteil der Zerstäuberbrenner besteht darin, daß sie eine rasche und vollkommene Öl-Luft-Mischung und Verbrennung und damit die denkbar höchste Ausnutzung des Brennstoffs ermöglichen. Dies gilt besonders für die mit Luft arbeitenden Zerstäuberbrenner. Erfahrungsgemäß ist bei der Verfeuerung von Öl zur Erzielung eines geringen Luftüberschusses besonders wichtig, die Mischung vor der Verbrennung zu beendigen. Zu diesem Zweck muß das Gemisch mit einer die Zündgeschwindigkeit erheblich überschreitenden Strömungsgeschwindigkeit in die Feuerung eingeführt werden. Zur Erreichung einer so hohen Strömungsgeschwindigkeit reicht jedoch der natürliche Zug nicht aus, weshalb das Ziel der vollkommenen Mischung vor der Verbrennung nur durch Verwendung von Gebläseluft erreicht werden kann. Bei mit

Gebläseluft arbeitendem Zerstäuberbrenner liefert die Düse ein Ölluftgemisch gleichmäßigster Zusammensetzung, welches, durch die Flamme
vergast, ein explosibles Gasluftgemisch bildet und daher eine vollkommene Verbrennung ohne nennenswerten Luftüberschuß gewährleistet.

Die sich bei der Verbrennung von zerstäubtem Heizöl abspielenden
Vorgänge lassen sich in drei einzelne Vorgänge zerlegen: Zerstäubung,
Vergasung, Verbrennung. Die Zerstäubung findet in der Düse bzw.
an deren Mundstück statt. Zur Zerstäubung des Öls, d. h. zur Über-
windung der Kohäsion der Flüssigkeitsteilchen, ist mechanische Arbeit
erforderlich, welche der Strömungsenergie der in der Düse entspannten
Verbrennungsluft bzw. des Dampfes entnommen wird. Bei sog. Druck-
zerstäubern, d. h. Zerstäubern, welche nicht durch entspannte Luft oder
Dampf, sondern durch Druck des Öles selbst zerstäuben, wird diese
Arbeit von der Strömungsenergie des ausströmenden Öles selbst geleistet.

Die Vergasung erfolgt durch die Hitze der Flamme selbst bzw.
der die Flamme umgebenden glühenden Wände. Sobald die mit zunehmender Temperatur rasch steigende Zündgeschwindigkeit die Strömungsgeschwindigkeit im Düsenkanal
überschreitet, tritt die Verbrennung ein. Abb. 1 stellt diese Vorgänge schematisch dar. Der obere
Teil der Abbildung zeigt links die
Düse, rechts den anfänglich sich
konisch erweiternden Düsenkanal,
unten rechts das Diagramm der
Strömungs- und Zündgeschwindigkeit. Die Strömungsgeschwindigkeit nimmt infolge der Ausbreitung
des Strömungsquerschnitts rasch
ab, während die Zündgeschwindigkeit infolge Zunahme der Temperatur rasch zunimmt. Vom Schnitt-
punkts beider Kurven nach rechts

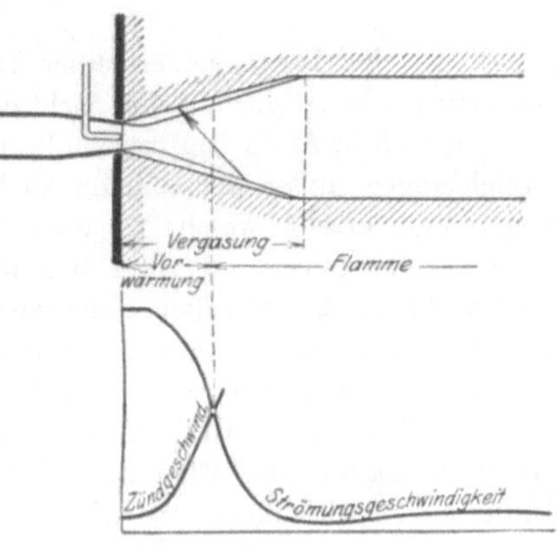

Abb. 1.

erstreckt sich die Flamme. Links des Schnittpunks liegt die Vorwärmzone, in
welcher das Ölluftgemisch teils direkt durch die Rückstrahlung der Flamme,
teils indirekt (s. Pfeil) durch die Strahlung der durch die Flamme hoch er-
hitzten Kanalwände vorgewärmt wird. Diese Vorwärmung bewirkt eine teilweise Verdampfung der kleinsten Flüssigkeitsteilchen. Diese Verdampfung
oder Vergasung ist jedoch am Ende der Vorwärmungszone noch nicht beendet, erstreckt sich vielmehr bis in die Flamme hinein, und zwar um so
weiter, je größer die Öltröpfchen, d. h. je unvollkommener die Zerstäubung
ist. Bei der Verdampfung jedes Öltröpfchens verdampfen zuerst die leicht
flüchtigen Bestandteile, dann die schwer flüchtigen, schließlich bleibt ein
feines Kohlenstoffteilchen übrig, welches durch den Luftsauerstoff verbrannt wird. Trifft daher ein solches Ölteilchen vor seiner Verdampfung

auf die glühenden Kanalwände auf, so wird durch die Hitze dieser Wände eine Verdampfung der flüchtigen Bestandteile stattfinden und ein Kohlenstoffteilchen als Rückstand sich an der Wand festsetzen, welches erfahrungsgemäß auch bei großem Luftüberschuß nicht mehr verbrennt, vielmehr bei weiterem Betrieb sich zu einem Koksnest von unter Umständen beträchtlicher Größe auswächst. Es muß daher beachtet werden, daß bei Zerstäuberbrennern kein unverdampftes Öl mit den heißen Ofenwänden in Berührung kommt.

Von Wichtigkeit ist auch die Form des Düsenkanals. Wird derselbe nach Abb. 2 ausgeführt, so entsteht am Anfang desselben ein toter Raum, in welchem bei Beginn des Anheizens verbrannte Gase, durch die kalten Kanalwände abgekühlt, dem eintretenden Ölluftgemisch sich beimischen, die Zündgeschwindigkeit herabsetzen und dadurch die Flamme zum unruhigen Brennen oder zum Abreißen bringen. Erfahrungsgemäß ist das Ingangsetzen einer Düse bei derartiger Kanalausführung wesentlich schwieriger als bei richtiger Ausführung nach Abb. 1.

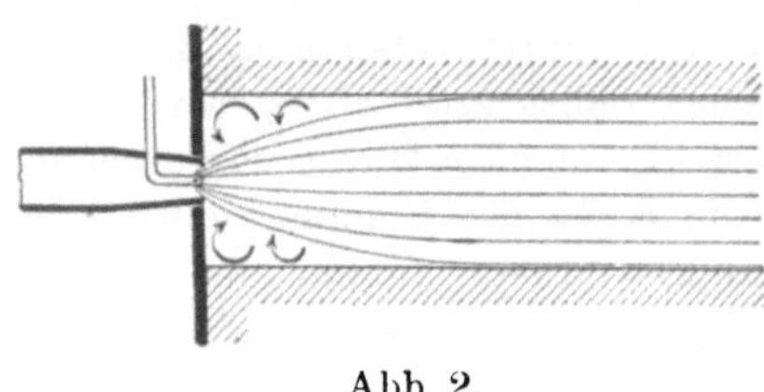

Abb. 2.

Vielfach wird in Luftzerstäubern der austretenden Luft durch Leitvorrichtungen außer der axialen auch eine tangentiale Geschwindigkeitskomponente erteilt, welche zu einer lebhaften Wirbelung im Düsenkanal und dementsprechend zu einer besonders guten Durchmischung von Luft und Öl führt. Die Flamme eines derartigen Brenners zeigt die Neigung, sich kegelartig auszubreiten, dadurch den sich erweiternden Düsenkanal vollständig auszufüllen und damit ihre axiale Geschwindigkeit zu verringern. Daraus ergibt sich die Möglichkeit, den Düsenkanal wesentlich kürzer zu halten, die Flamme neigt nicht mehr zum Abreißen und die Bildung von Stichflammen wird vermieden. Bei Verwendung solcher Brenner mit tangentialer Bewegung der Luft hat es sich als vorteilhaft erwiesen, durch einen ringförmig die Düse umgebenden Luftschlitz den Ölluftnebel beim Verlassen der Düse mit einem dünnen Luftmantel zu umhüllen. Die günstige Wirkung dieses Zusatz-Luftmantels ist in der Hauptsache darauf zurückzuführen, daß sich zunächst am Umfang der Flamme, d. h. an den Kanalwänden, ein großer Luftüberschuß ergibt, welcher durch vereinzelte Öltröpfchen an den Kanalwänden gebildeten Koks sofort verbrennt, nachher aber infolge der guten Durchwirbelung der Flamme durch den Ölüberschuß im Kern derselben ausgeglichen wird.

Bisweilen wird nur ein Teil der zur Verbrennung erforderlichen Luft am äußeren Ende des Düsenkanals zugeführt, der Rest als Sekundärluft, meist durch einen Rekuperator oder Regenerator vorgewärmt, an einer weiter innen gelegenen Stelle. In diesem Falle tritt im vorderen Teil des Düsenkanals eine nur teilweise Verbrennung des Öls auf; es stellt also der vordere Teil des Düsenkanals gewissermaßen einen Generator dar, bei dem jedoch der Kohlenstoff in Rußform im Gas enthalten ist. Diese Art der Verfeuerung von Heizöl hat den Vorteil, daß die Temperatur im Düsenkanal erniedrigt wird und dementsprechend die Abkühlungsverluste hier geringer sind. Die höchste Temperatur kann an derjenigen Stelle erzielt werden, wo sie gebraucht wird. Ein Nachteil dieses Verfahrens ist jedoch, daß die Mischung von Luft und Öl niemals so vollkommen wird, wie bei der Zuführung der gesamten Verbrennungsluft durch die Düse. Infolgedessen tritt ein Nachbrennen der Flamme, unter Umständen bis in den Abzug hinein, ein. Das Verfahren wird daher nur bei größeren Öfen angewandt, wo ein hinreichend langer Entwicklungsraum für die Flamme zur Verfügung steht.

Steigert man bei einem in Betrieb befindlichen Ölzerstäuber die Ölzufuhr erheblich, ohne gleichzeitige Vermehrung der Verbrennungsluft, so findet eine unvollkommene Verbrennung statt, wobei sich, je nach dem Verhältnis Luft : Öl und der chemischen Zusammensetzung des letzteren, nebeneinander folgende Bestandteile in den Feuergasen vorfinden: Luftstickstoff, Kohlensäure, Kohlenoxyd, gasförmige Kohlenwasserstoffe, Kohlenstoff (Ruß). Dieses Gasgemisch kann durch sekundäre Zuführung von Luftsauerstoff verbrannt werden. Da im allgemeinen an eine derartige Vergasung sich gleich die Verbrennung durch Zufuhr von Sekundärluft anschließt, würde man richtiger von Ölhalbgasfeuerungen sprechen. Angewandt werden solche Feuerungen seltener. Sie bieten folgende Vorteile: Wenn Stichflammenbildung vermieden werden soll, kann man den Zerstäuber mehr entfernt vom Nutzraum anordnen und das von ihm erzeugte Halbgas mit milder Flamme im Nutzraum verbrennen. Bei der Heizung von sehr langen oder sonst räumlich sehr ausgedehnten Öfen kann man mit einem Zerstäuber auskommen, indem man das von diesem erzeugte Halbgas an mehreren Stellen dem Ofen unter Zuführung der entsprechenden Sekundärluft zuleitet. Hierbei muß man natürlich dafür Sorge tragen, daß in dem das Halbgas führenden Kanal möglichst geringe Wärmeverluste auftreten, daß also die »fühlbare« Wärme dieses Generatorgases möglichst niedrig ist. Als untere Temperaturgrenze für Erzeugung eines gleichmäßigen Halbgases kann etwa 700°—800° gelten. Dementsprechend kann die Ölzufuhr auf das bis zu 5fache der für vollständige Verbrennung zulässigen gesteigert werden, d. h. man muß mindestens 15—20% der Gesamtluft als Primärluft zuführen. Hierbei muß natürlich auf eine besonders gute Zerstäubung geachtet werden, damit keine Koksausscheidung stattfindet. Es empfiehlt sich daher, die Zerstäubung durch Preßluft von 1 Atm. aufwärts.

Die Verbrennung bzw. Vergasung eines Ölteilchens erfordert eine gewisse Zeit, welche um so größer ist, je größer der Durchmesser des Ölteilchens. Schreibt man

$$t = c_1 \cdot d,$$

wobei t die Verbrennungszeit, c_1 eine Konstante, d den Durchmesser eines Ölteilchens bedeutet, so ergibt sich der Weg, den das Ölteilchen, von der Verbrennungsluft mit der Geschwindigkeit v getragen, vom Beginn bis zum Ende seiner Verbrennung zurücklegt, zu

$$s = v \cdot t = v \cdot c_1 \cdot d\,.$$

Ist ferner f der Querschnitt des Verbrennungskanals, so ergibt sich einerseits die in der Zeiteinheit verbrannte Ölmenge zu

$$Q = f \cdot v \cdot c_2,$$

wobei c_2 wiederum eine Konstante bedeutet, andererseits der Raum, in dem diese Ölmenge verbrannt wird, zu

$$V = f \cdot s = f \cdot v \cdot c_1 \cdot d\,.$$

Hieraus ergibt sich

$$V = \text{Konst. d. } Q.,$$

d. h. der zur Verbrennung erforderliche Raum wächst mit der Größe der zu verbrennenden Ölmenge und wird um so kleiner, je kleiner die einzelnen Öltröpfchen. Wenn auch die oben gemachte Annahme $t = c_1 \cdot d$ quantitativ nicht genau zutrifft, so wird doch qualitativ an dem Resultat der Berechnung nichts geändert.

Bei sehr guter Zerstäubung durch Preßluft läßt sich pro dm^3 Verbrennungsraum bis zu 2 kg Öl stündlich verbrennen, bei Verwendung von Gebläsewind von 500 mm WS. bis zu 1 kg stündlich.

Wird der Verbrennungsraum zu klein bemessen, so tritt eine Koksausscheidung ein.

2. Die gebläselosen Ölfeuerungen.

Gebläselose Ölfeuerung nennt man die Tropf- und Verdampferbrenner. Diese Bezeichnung ist eigentlich unrichtig, insofern auch die sog. Druckzerstäuber ohne Gebläse arbeiten können. Richtiger wäre die Bezeichnung »langsame Ölverbrennung«, da die Verbrennung wesentlich langsamer erfolgt als bei den Zerstäuberbrennern. Der Vorteil des Wegfalls der Gebläseanlage wird jedoch erkauft durch gewisse Nachteile, welche bereits im vorigen Abschnitt erwähnt wurden.

Die gebläselosen Ölfeuerungen lassen sich einteilen in Tropffeuerungen und Verdampferbrenner. Bei den Tropffeuerungen (Abb. 3) erfolgt die Verbrennung derart, daß die durch einen Rekuperator oder Regenerator möglichst hoch vorgewärmte Luft in einem senkrechten Schacht hoch steigt und durch einen wagerechten Kanal in den Ofen-

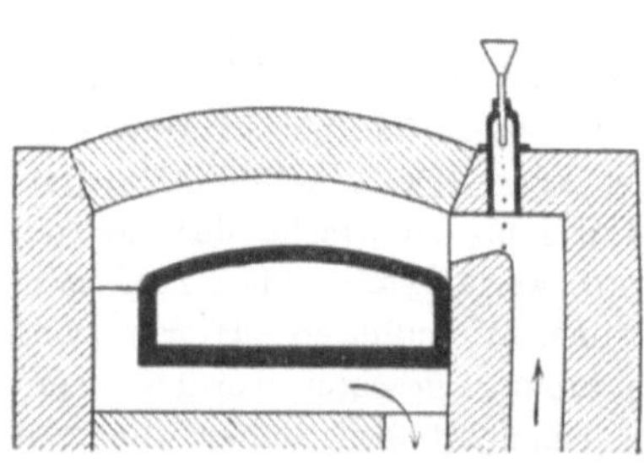

Abb. 3.

raum tritt. Über diesem wagerechten Kanal ist eine Tropfvorrichtung angeordnet. Es tritt zwar bei diesem Verfahren eine regelmäßige Ausscheidung von festem Kohlenstoff ein, welcher jedoch durch die hoch vorgewärmte Luft im Entstehungszustande verbrannt wird. Die Verbrennung des Öldampfes erfolgt nicht augenblicklich, ist vielmehr erst mit der vollständigen Mischung von Öldampf und Luft beendet. Es ist klar, daß bei den verhältnismäßig geringen Geschwindigkeiten, die der natürliche Zug ermöglicht, und durch die Art der Verdampfung selbst die Durchwirbelung von Luft und Öldampf sehr langsam erfolgt. Infolgedessen wird auch die Verbrennung nur sehr langsam erfolgen. Es muß durch mehrfachen Richtungswechsel der Flamme dafür gesorgt werden, daß durch die Wirbelbildung die Mischung nach Möglichkeit beschleunigt und die Verbrennung beendigt wird.

Eine zweite Ausführungsart zeigt Abb. 4 und 5 in Verbindung mit einem Muffelofen. c ist der Sammelkanal des Regenerators, von dem aus die Luft in mehreren Kanälen a und b hoch steigt. Am oberen Ende der Kanäle a sind Tropfvorrichtungen angeordnet; das herabtropfende Öl wird durch die glühenden Kanalwände verdampft und der sich ausscheidende Kohlenstoff im Entstehungszustand durch die hoch erhitzte

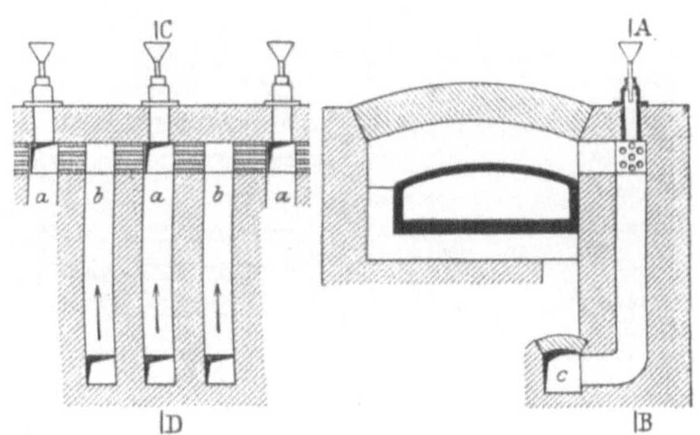

Abb. 4 u. 5.

Luft verbrannt. Durch die Kanäle a wird jedoch nur ein Teil der Verbrennungsluft zugeführt, der Rest der Verbrennungsluft, die Sekundärluft, steigt durch die Kanäle b hoch und tritt am oberen Ende durch Düsensteine, welche eine Anzahl runder Bohrungen enthalten, in die Verbrennungskanäle über. Die Anordnung dieser Düsen in den Düsensteinen gewährleistet im Gegensatz zur Ausführung nach Abb. 3 eine wesentlich raschere Mischung von Ölluftgas und Luft, so daß durch die wagerechten Kanäle eine verhältnismäßig kurze und heiße Flamme in den Ofen tritt.

Die bereits im vorigen Abschnitt erwähnten Schwierigkeiten beim Anheizen derartiger Öfen können durch Anheizen mittels Generator- oder Koksofengas überwunden werden. Steht billiges Gas nicht zur Verfügung, so werden diese Öfen zweckmäßig mit geringem Ölverbrauch in den Betriebspausen durchgeheizt. Bei hoher Luftvorwärmung ist die Brennstoffausnutzung eine gute; es wurde bei Schmiedeöfen ein Verbrauch von 40 bis 50 Kilo pro Tonne Einsatz erzielt bei einer Arbeittemperatur von 1200—1250° C.

Die zweite Ausführungsart der gebläselosen Ölfeuerung ist der Verdampferbrenner. Sein Hauptnachteil ist, wie bereits früher erwähnt wurde, der Umstand, daß er nicht dauernd im Betriebe sein kann, sondern regelmäßig gereinigt werden muß. Er muß daher so ausgeführt werden, daß diese Reinigung in möglichst einfacher Weise vorgenommen werden kann. Da beim Verdampferbrenner eine räumlich getrennte Verdampfung der Verbrennung des Öls vorhergeht, so stellt eine derartige Ölflamme nichts anderes als eine Gasflamme dar, auf welche alle für die Verbrennung von Gas geltenden Grundsätze anzuwenden sind. Insbesondere ist es zweckmäßig, zur Erzielung einer vollkommenen Verbrennung mit geringstem Luftüberschuß das den Verdampfer verlassende Ölgas in eine große Anzahl einzelner Ströme zu unterteilen, um die Mischung mit der Luft zu begünstigen.

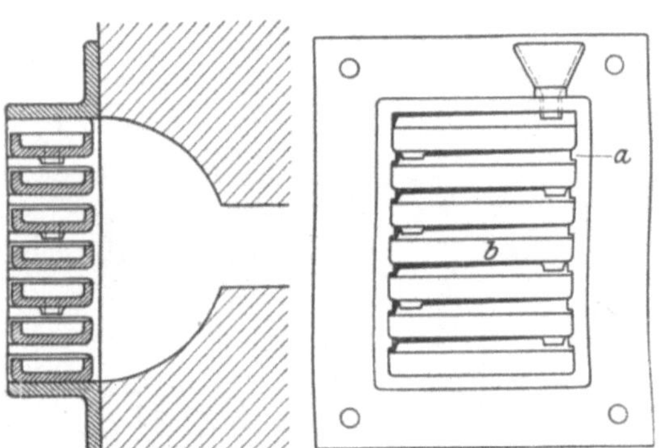

Die Abb. 6—9 zeigen verschiedene Ausführungsformen. Abb. 6 und 7 zeigen eine sog. Rostfeuerung. Dieselbe besteht aus einem rechteckigen Rahmen von winkelförmigem Querschnitt, welcher an den zu beheizenden Ofen angebaut ist. Der Rahmen besitzt auf seiner Innenseite eine Anzahl Vorsprünge a,

Abb. 6 u. 7.

auf welchen Rinnen b gelagert sind, die nach vorn herausgezogen werden können. Zwischen diesen einzelnen Rinnen verbleiben nur schmale Zwischenräume. Jede dieser Rinnen besitzt an einem Ende eine untere Ausflußöffnung. Diese Ausflußöffnungen sind gegeneinander versetzt angeordnet, so daß das von oben durch einen Trichter zufließende Öl auf zickzackförmigem Wege bis in die untersten Rinnen gelangt, wobei jede Rinne durch die Flamme der darunterliegenden beheizt wird. Die sich entwickelnden Öldämpfe verbrennen in Berührung mit der in die Rostspalten eintretenden Luft. Ist die Verdampfung infolge niedrig eingestellten Ölzuflusses bereits vor der untersten Rinne zu Ende, so werden durch einen nicht gezeichneten, von unten nach oben hochziehbaren Schieber die nicht benutzten Rostspalten abgedeckt. Die einzelnen Ölflammen werden gezwungen, sich in einer hinter dem Rost gelegenen Verengung zu vereinigen, wo eine vollständige Durchmischung stattfindet. Die verdampfende Wirkung der Flammen wird die Rückstrahlung der glühenden Innenwände auf die Rinnen unterstützt. Diese Rostfeuerung hat den großen Vorteil, daß die einzelnen Rostglieder mit dem gebildeten Rückstand während des Betriebes ohne weiteres ausgewechselt werden können.

Abb. 8 zeigt den Verdampferbrenner von Irinyi. Derselbe ist in eine in den Ofen hineinragende Muffel eingebaut. Er besteht aus dem eigentlichen birnen- oder kegelförmigen Verdampfer, unterhalb dessen eine An-heizschale angeordnet ist. Das beim Anheizen in dieser Schale enthaltene Öl dient zum Beheizen des eigentlichen Verdampfers. Der den Verdampfer verlassende Öldampf verbrennt in Berührung mit der zutretenden Luft. Durch die weiter rückwärts liegende in den Ofen mündende Öffnung in der Muffel wird die Flamme gezwungen, um den Verdampfer herum nach hinten zu streichen und denselben auch dann auf Temperatur zu halten, wenn die Anheizschale ausgebrannt ist. Da bei diesem Brenner nur in unvollkommener Weise für gleichmäßige Mischung von Luft und Öldampf gesorgt ist, läßt sich eine starke Rauchentwicklung nur schwer vermeiden.

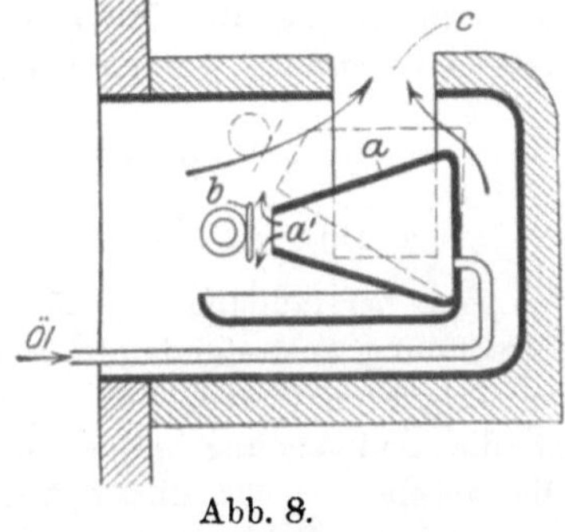

Abb. 8.

Abb. 9 zeigt den Verdampferbrenner von Essich. Derselbe besteht aus einem Schacht a, von dessen unterem Ende ein horizontaler Kanal b in den Ofen führt. Im oberen Ende dieses Schach-tes ist der kegelförmige eigentliche Verdampfer c angeordnet, welcher den oberen Teil des Schachtes stark verengt. An der engsten Stelle d ist eine Reihe von Löchern angeordnet, aus welchen der Öldampf austritt. Das dem Verdampfer von oben durch einen Trichter e zufließende Öl fließt durch eine Reihe von Öffnungen f an den Innenwänden des Verdampfers herab, wobei es verdampft. Die sich entwickelnden Öldämpfe treten durch die Löcher aus, und da diese sich an der Stelle ge-ringsten Luftquerschnitts, also größter Strömungs-geschwindigkeit, befinden, tritt eine schnelle und gute Mischung von Luft und Öl und infolgedessen eine rasche Verbrennung ein, wobei der Ver-dampfer durch die nach unten schlagende Flamme in dunkler Rotglut ge-halten wird. Durch Höher- und Tieferschrauben des konischen Ver-dampfers läßt sich der Luftquerschnitt regeln. Das Anheizen erfolgt mittels einer Lötlampe durch eine seitliche Öffnung g. Nach längerem Betriebe kann der auf einem bügelartigen Dreifuß h stehende Verdampfer zwecks Reinigung abgehoben und durch einen anderen ersetzt werden.

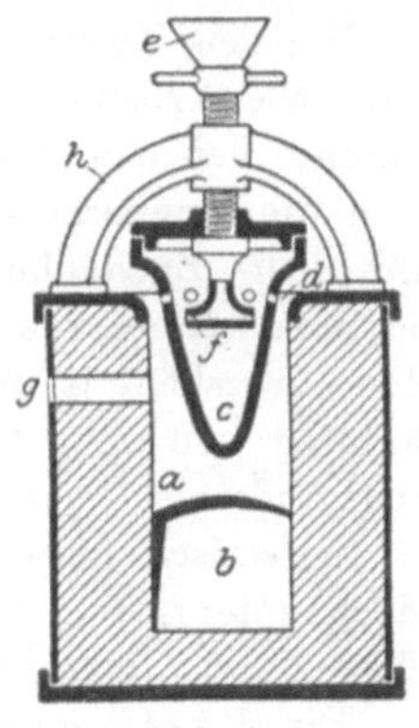

Abb. 9.

Der Verdampferbrenner erfordert zu rauchlosem Betrieb einen Schornsteinzug von mindestens 5 mm WS. Bei richtiger Einstellung ist dann die Geschwindigkeit an der Austrittsstelle des Öldampfes so groß, daß die Flamme hier abreißt und erst weiter unten brennt, wo infolge der kegligen Form des Verdampfers sich der Querschnitt erweitert.

Die Anwendung gebläseloser Ölfeuerungen ist nur bei Ölmengen von weniger als 40—50 kg stündlich angebracht. Bei höherem stündlichen Ölverbrauch werden vorteilhafter Druckzerstäuber verwendet.

3. Die Zerstäuberbrenner.

a. Die Grundlagen der Zerstäubungsverfahren.

Zur Zerstäubung des Öls, d. h. zur Auflösung des aus der Ölaustrittsöffnung austretenden Flüssigkeitsfadens in eine große Anzahl kleinster Tröpfchen (deren Durchmesser etwa 1/100 mm und weniger beträgt), ist die Aufwendung einer gewissen mechanischen Arbeit erforderlich. Die absolute Größe dieser Arbeit ist zwar nicht bekannt, jedoch steht fest, daß die Größe dieser Arbeit zunimmt mit der Viskosität des Heizöls. Da die Viskosität mit zunehmender Temperatur abnimmt, ist eine Vorwärmung des Öls von günstigem Einfluß auf die zur Zerstäubung erforderliche Arbeit.

Die Verfahren zur Zerstäubung des Öls lassen sich in der Hauptsache in zwei Gruppen einteilen:

    1) die Druckzerstäubung,

    2) die Zerstäubung durch strömende Gase (Preßluft, Dampf).

Bei dem Druckzerstäubungsverfahren wird die zur Zerstäubung erforderliche Arbeit von dem unter Druck stehenden Öl selbst geleistet, während bei den Luft- und Dampfzerstäubern die Zerstäubungsarbeit durch die kinetische Energie des strömenden Zerstäubungsmittels gedeckt wird. Die Zerstäuberdüse stellt also gewissermaßen eine Maschine dar, und man könnte von einem größeren oder kleineren Wirkungsgrad derselben sprechen, je nachdem eine größere oder kleinere Arbeit zur Zerstäubung von 1 kg Öl notwendig ist. Die absolute Größe dieses Wirkungsgrades ist zwar nicht festzustellen, da, wie oben erwähnt, die Größe der theoretisch notwendigen Zerstäubungsarbeit unbekannt ist. Es ist jedoch interessant, die Wirkungsgrade der beiden genannten hauptsächlichen Zerstäubungsverfahren zu vergleichen.

Ein Körtingscher Zentrifugalzerstäuber erfordert zur Zerstäubung einen Öldruck von 5 kg/cm². Die zur Zerstäubung von 1 l Öl aufgewendete Arbeit beträgt daher 50 mkg.

Ein gut konstruierter Niederdruckzerstäuber vermag Heizöl mit günstigenfalls 100 mm WS. Windpressung vollkommen zu zerstäuben, wenn die Zerstäubungsluft mindestens 50% der gesamten Verbrennungsluft beträgt. Da für 1 l Heizöl rund 10 cbm Luft erforderlich sind, so beträgt bei einem derartigen Niederdruckzerstäuber die Zerstäubungsarbeit für 1 l Öl 500 mkg, d. h. der Wirkungsgrad der Körtingschen Düse ist etwa 10 mal besser als derjenige eines guten Niederdruckzerstäubers.

Da aber, wie später ausgeführt, Druckzerstäuber im allgemeinen nur von etwa 50 kg Stundenleistung an aufwärts ausgeführt werden können, so ist für geringere Leistungen Luft- bzw. Dampfzerstäubung erforderlich. Vom rein feuerungstechnischen Standpunkt aus betrachtet, ist die Luftzerstäubung der Dampf- und der Druckzerstäubung vorzuziehen, weil sie am vollkommensten eine der wichtigsten Forderungen bei der Verbrennung flüssiger und gasförmiger Brennstoffe erfüllt, nämlich diejenige, daß Luft und Brennstoff vor der Verbrennung möglichst vollkommen gemischt werden. Der wichtigste Nachteil der Luftzerstäubung gegenüber den beiden anderen Verfahren ist jedoch der, daß für die Wind- bzw. Preßlufterzeugung und -zuführung besondere Gebläse und Rohrleitungen erforderlich werden. Die Zerstäubung durch Dampf vermeidet zwar ein besonderes Gebläse, jedoch setzt der Dampfzusatz die Flammentemperatur herab und ist insbesondere bei hohen Temperaturen, wie sie beim Schmelzen von Stahl auftreten, auch deshalb von Nachteil, weil der durch die Dissoziation freiwerdende Wasserstoff die chemische Zusammensetzung des Schmelzgutes schädlich beeinflußt.

Auch die Druckzerstäubung hat trotz ihrer großen Einfachheit gewisse Nachteile. Der wichtigste ist, daß die zwangläufige Luftzuführung und damit die gleichmäßige und ideale Regulierbarkeit der Verbrennung, wie sie bei Luftzerstäubern besteht, verloren geht, wenn nicht die Verbrennungsluft durch Gebläse zugeführt wird.

Aus dieser Gegenüberstellung der Vor- und Nachteile der einzelnen Zerstäubungsverfahren ergibt sich Folgendes: Bei zu zerstäubenden Ölmengen von (bei kleinster Belastung der Düse) über 50 kg pro Stunde ist die Verwendung von Druckzerstäubern gegeben. Handelt es sich darum, die Verbrennung dauernd mit kleinstem Luftüberschuß durchzuführen, so wird man nicht darauf verzichten, die Verbrennungsluft zwangläufig zuzuführen, d. h. man wird in diesem Falle einen Ventilator aufstellen, welcher die erforderliche Verbrennungsluft zuführt. Der Druck dieser Luft kann jedoch in diesem Falle wesentlich geringer gehalten werden als bei Luftzerstäubern, da die Zerstäubungsarbeit durch die Ölpumpen geleistet wird. In der Praxis werden schon 25—50 mm WS. vollkommen genügen, um eine schnelle und innige Durchmischung der Verbrennungsluft und des Ölnebels zu erreichen.

Beträgt die zu zerstäubende Menge weniger als 50 kg pro Stunde, so muß zur Luft- bzw. Dampfzerstäubung gegriffen werden. Dampfzerstäubung wird man im allgemeinen da verwenden, wo die durch die Vermehrung der Abgase um die Dampfmenge bedingte Herabsetzung der Flammentemperatur ohne nennenswerten Einfluß auf den Arbeitsprozeß ist. Insbesondere trifft dies für die Kesselheizung zu, da hier durch die Abgase ein wesentlich kleinerer Teil der Brennstoffwärme abgeführt wird, als bei industriellen Öfen. In allen übrigen Fällen wird man Luftzerstäuber verwenden, wobei die Frage, ob Hochdruck oder Niederdruck oder kombinierter Zerstäuber nach den weiter unten festzustellenden Grundsätzen zu lösen sein wird.

b. Druckzerstäuber.

Wie bereits erwähnt, ist es zur Zerstäubung des Öls notwendig, daß durch gewisse Kräfte der zusammenhängend aus der Ölaustrittsöffnung ausfließende Ölstrom in eine große Anzahl kleinster Flüssigkeitströpfchen zerlegt wird. Daraus geht hervor, daß diese Kräfte senkrecht zur Bewegungsrichtung des Ölstroms wirken müssen. Die wichtigste und wirksamste der senkrecht zur Strahlachse wirkenden Kräfte ist die Zentrifugalkraft: Wird dem Ölstrahl außer seiner axialen Bewegung durch geeignete Leitvorrichtungen gleichzeitig eine drehende Bewegung von genügender Größe erteilt, so wird die Zentrifugalkraft die Kohäsion der Flüssigkeitsteilchen überwinden und den Ölstrom zum Auseinanderfliegen bringen. Je höher das Öl vorgewärmt ist, desto dünnflüssiger ist es und desto leichter wird die Zentrifugalkraft die Kohäsion überwinden. Gleichzeitig hat die Ölvorwärmung noch eine zweite, die Zerstäubung fördernde Wirkung zur Folge: Die meisten Heizöle stellen ein Gemisch von Ölen verschiedenen Siedepunkts dar. Wird daher das Heizöl auf eine Temperatur vorgewärmt, die zwischen dem Siedepunkt der leichtest siedenden Bestandteile bei Atmosphärendruck und dem Siedepunkt derselben bei dem in der Düse herrschenden Druck (5—6 Atm.) liegt, so tritt bei Entspannung des Öls im Zerstäuber eine explosionsartige Dampfbildung ein, welche den Ölstrahl auseinanderreißt und die Wirkung der Zentrifugalkraft unterstützt. Diese Wirkung wird um so höher sein, je höher das Öl vorgewärmt ist. Als obere Grenze für die Vorwärmung muß diejenige Temperatur gelten, bei der gerade noch eine Dampfbildung in der Rohrleitung unterbleibt.

Die rotierende Bewegung des Ölstrahls kann auf verschiedene Weise erzielt werden. Die einfachste Form eines derartigen Zerstäubers zeigt Abb. 10[1]). Der Zerstäuber besteht aus einem Rohr, dessen eines Ende durch eine vermittels einer Überwurfmutter gehaltene Platte aus 0,5 mm Blech verschlossen ist. In der Mitte dieser Platte befindet sich ein kreisrundes Loch von 1,5 mm $\oplus$ auf der Innenseite, das sich nach der Außenseite der Platte zu stark konisch erweitert. Eine derartige Öffnung hat einen sehr geringen Ausflußkoeffizienten, d. h. die in der Zeiteinheit ausfließende Menge bleibt wesentlich hinter der theoretischen zurück oder mit anderen Worten, die tatsächliche Ausflußgeschwindigkeit ist kleiner als die theoretische. Gleichzeitig tritt eine starke Drehung des Öl-

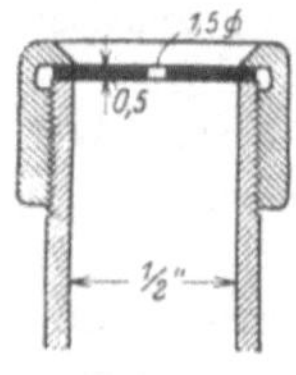

Abb. 10.

---

1) S. Essich, Über Öldruckzerstäuber, Feuerungstechnik 1915, S. 67.

strahls auf. Die Differenz zwischen der aus der theoretischen Ausflußgeschwindigkeit errechneten kinetischen Energie und der aus der tat-
sächlichen axialen Ausflußgeschwindigkeit sich ergebenden kinetischen
Energie stellt die Rotationsenergie des austretenden Strahles dar. Je
kleiner also der Ausflußkoeffizent, desto stärker die Rotation des Strahles
und desto stärker die zerstäubende Wirkung. Versuche mit einem derartigen Zerstäuber von den angegebenen Abmessungen ergaben, daß derselbe bei einem Druck von nur 2,5 kg/cm² stündlich 30 kg Teeröl von
15° C zu zerstäuben vermochte. Eine zweite Ausführung zeigt Abb. 11.
Auch hier ist das Ende des Zerstäubers durch eine eingeschweißte Platte
mit sich stark erweiterndem, innen scharfkantigem Loch verschlossen.
Die Drehbewegung des Ölstrahles wird hier dadurch gefördert, daß das
Öl bereits vor dem Durchtritt durch dieses Loch eine Drehbewegung erhält, indem das Öl in tangentialer Richtung in den vor dem Loch befindlichen kreisrunden Raum eintritt. Das Zerstäuberrohr sitzt axial im
Konus eines Hahns, durch dessen Drehung der Ölzufluß reguliert bzw.
abgesperrt werden kann.

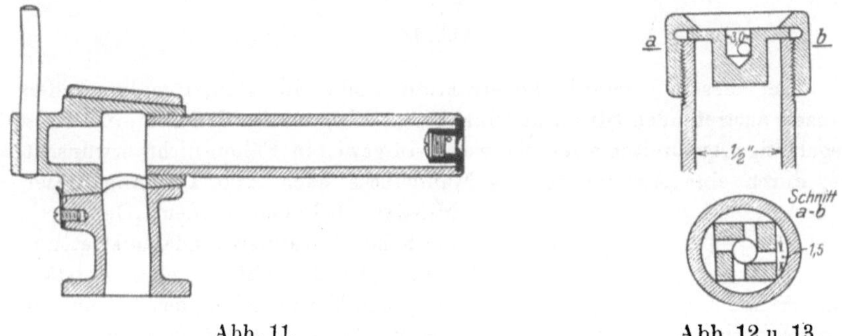

Abb. 11.   Abb. 12 u. 13.

Eine weitere Ausführung zeigen Abb. 12 und 13[1]). Der Zerstäuber besteht aus einem durch eine Überwurfmutter im Zuleitungsrohr
gehaltenen Einsatzstück, welches eine nach außen offene Bohrung von
3 mm Durchmesser enthält. Tangential in diese Bohrung münden vier
Bohrungen von 1,5 mm Durchmesser vom Zuführungsrohr her. Das
durch diese Bohrungen in die Düse eintretende Öl erteilt dem Ölstrom
innerhalb derselben eine lebhafte Drehbewegung, welche ihn nach Verlassen der Düse zum Auseinanderfliegen bringt.

Abb. 14 zeigt die Konstruktion des Zentrifugalzerstäubers der Westfälischen Maschinenbau-Industrie (Lizenz Körting), welcher im wesentlichen mit dem Körtingschen Zentrifugalzerstäuber übereinstimmt. Der
Zerstäuber enthält in seinem Mundstück einen zentrischen, mit Schrauben-
gängen versehenen Dorn. Das durch die Düse strömende Öl wird durch
die Schraubengänge zu einer Drehbewegung gezwungen, welche nach dem

---

[1]) S. Essich, Über Öldruckzerstäuber, Feuerungstechnik 1915, S. 67.

2*

Verlassen der Düse den Ölstrahl zerstäubt. Das Ölzuführungsrohr ist außen durch einen Wärmeschutzmantel gegen Überhitzung geschützt. Der Zerstäuber ist durch einen aufklappbaren Bügel mit Druckschraube gehalten und nach Lösen dieser Schraube leicht auszuwechseln. Die Reinigung erfolgt durch Abschrauben des Düsenkopfes und Herausnehmen der Schraubenspindel. Im Betriebe kann der Zerstäuber durch Ausblasen mittels Dampf gereinigt werden.

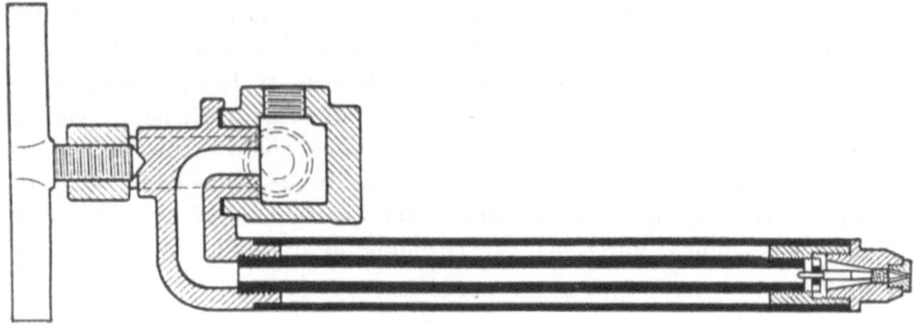

Abb. 14.

Bei dieser Zerstäuberkonstruktion treibt die Zentrifugalkraft den ganzen austretenden Strahl auseinander und begünstigt dadurch eine hohlkegelartige Ausbreitung des Öls, welche in gewissen Fällen nicht erwünscht ist; durch eine Ausbildung des Mundstücks nach Abb. 15 kann dieser

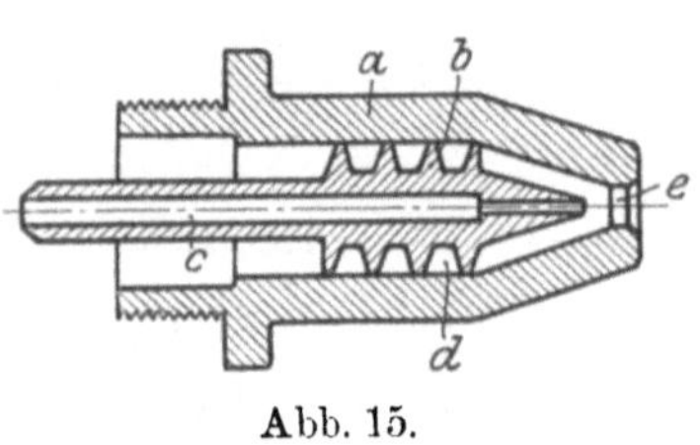

Abb. 15.

Mißstand behoben werden. Der durch die hohle Schraubenspindel austretende axiale Ölstrahl füllt bei einer Zerstäubung und Verdampfung den Innenraum des Zerstäubungshohlkegels aus.

Abb. 16 zeigt die Anbringung eines derartigen Zentrifugalzerstäubers bei einer Kesselfeuerung. Die Luftzuführung wird durch Verstellung der Luftschlitze in einem kegelstumpfartig den Zerstäuber umgebenden Blechmantel vermittels Handrad und Zahnkranz geregelt. Wichtig ist bei Anwendung von Druckzerstäubern für Industrieofenfeuerungen eine hohe Vorwärmung der Verbrennungsluft, durch welche eine momentane Vergasung der in den Luftstrom geschleuderten feinen Ölteilchen und dadurch eine rasche und vollkommene Verbrennung erzielt wird. Die Vorwärmung wird bei Anwendung von Regeneratoren unter Umständen bis auf 100° C getrieben.

Abb. 17 zeigt den Babcock und Wilcox-Zerstäuber. Derselbe besteht aus einem Gehäuse b, welchem das Öl bei c zugeführt wird. An dem Gehäuse b befindet sich das Mundstück a mit der Ölaustrittsöffnung e. Zentrisch im Gehäuse ist eine bei Drehung einer Kappe d axial verschiebbare Spindel f angeordnet. Diese besitzt an ihrem vordersten Ende Gewindegänge, durch welche das Öl eine Drehbewegung erhält. Durch diese Gewindegänge hindurch sind Längsnuten g gefräst, welche ebenfalls dem Öl Durchtritt gewähren. Durch die sich nahezu im Winkel von 90° kreuzenden Ströme soll eine besonders gute Zerstäubungswirkung erreicht werden. Die Regulierung erfolgt durch Drehung der Spindel f, indem die Stirnfläche dieser Spindel der Öffnung e mehr oder weniger genähert wird und sie dadurch mehr oder weniger verschließt.

Die Verbindung eines Zentrifugalzerstäubers mit künstlicher Luftzufuhr

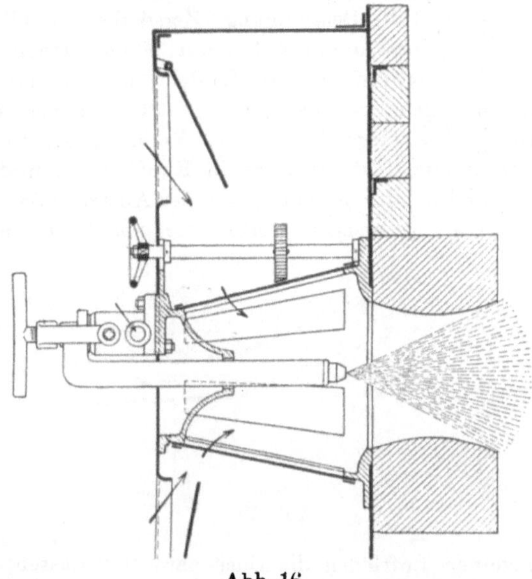

Abb. 16.

zeigt Abb. 18. Diese Feuerung ist besonders als Reserve für eine Kohlenstaubfeuerung gedacht. Bei Nichtbenutzung kann die Ölfeuerung aus der Luftzuführung herausgezogen werden[1].

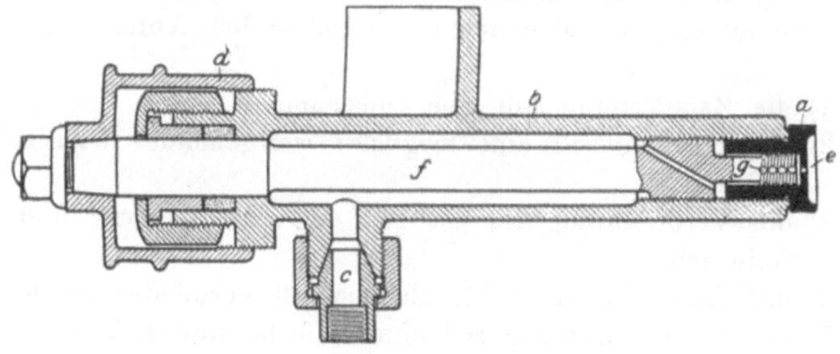

Abb. 17.

c. Luft- und Dampf-Zerstäuber.

Bei diesen Zerstäubern kommt die Zerstäubungswirkung dadurch zustande, daß der Flüssigkeitsstrom durch die mit einer wesentlich größeren Geschwindigkeit strömende Luft (bzw. Dampf) in viele kleine Flüssigkeitsteilchen zerrissen wird. Man unterscheidet

---

[1] St. u. E., 1915, S. 969.

Hochdruckzerstäuber (mit über 0,3 Atm. Luftpressung),
Niederdruckzerstäuber (unter 0,1 Atm. Luftpressung),
Dampfzerstäuber.

Hierbei wird die Bezeichnung »Zerstäuber« im allgemeinen dann gewählt,
wenn das Zerstäubungsmittel nur einen kleinen bzw. überhaupt keinen
Teil der Verbrennungsluft darstellt, während die Bezeichnung »Brenner«
für diejenigen Vorrichtungen benutzt wird, bei welchen die Zerstäubungsluft den überwiegenden Teil der Verbrennungsluft ausmacht. Eine weitere
Einteilungsart ist diejenige in Rundbrenner und Schlitzbrenner, je nach
der runden oder flachen Form der Austrittsöffnungen. Die Rundbrenner
sind die am meisten verbreitete Ausführungsart. Die Schlitzbrenner

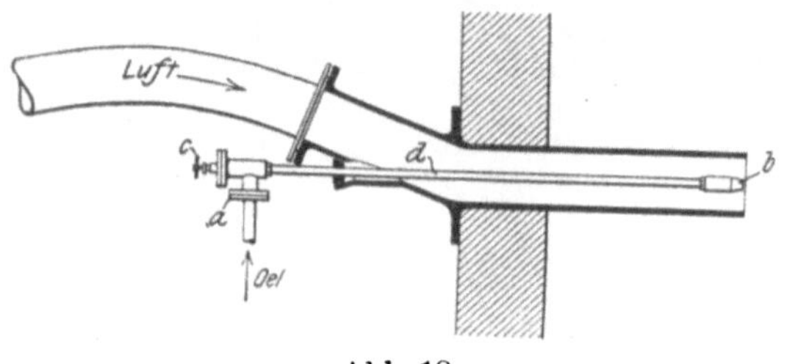

Abb. 18.

werden im allgemeinen
dann verwendet, wenn
es sich darum handelt,
eine möglichst starke
Ausbreitung der Flamme
zu erzielen. Dieser
Zweck wird jedoch durch
eine schlitzförmige Aus-
bildung der Düse allein
nicht erreicht, wenn die

einzelnen Luftfäden die Düse parallel verlassen. In diesem Falle nähert
sich die Flamme trotz des ursprünglich flachen Querschnitts schließlich
mehr und mehr dem runden Querschnitt. Zur dauernden Beibehaltung
einer geringen Flammendicke ist es vielmehr erforderlich, daß, wie dies
Abb. 54 und 55 zeigen, die einzelnen Luftströme bereits in bzw. beim
Verlassen der Düse auseinander streben.

Die an einen Zerstäuberbrenner zu richtenden Anforderungen sind
folgende:

1) die Zerstäubung soll eine vollkommene sein,
2) der Brenner soll eine möglichst weitgehende Regulierbarkeit
   aufweisen,
3) die Verbrennung des Öls soll eine vollkommene und rauch-
   freie sein,
4) das Auftreten einer Stichflamme soll vermieden werden,
5) die Inbetriebsetzung soll eine einfache und sichere sein,
6) der Brenner soll mit geringem Öldruck arbeiten, da sich bei
   hohem Öldruck kleine Ölausflußquerschnitte ergeben, welche
   sich leicht verstopfen,
7) die zur Zerstäubung erforderliche Arbeit soll möglichst gering sein.

Die Zerstäubungsarbeit kann entweder (beim Hochdruckbrenner)
durch eine kleine Luftmenge von großer Pressung oder (beim Niederdruckbrenner) durch eine große Luftmenge von kleiner Pressung geleistet
werden. Jede der beiden Bauarten hat ihre Vor- und Nachteile. Der

Vorteil des Hochdruckbrenners ist seine größere Regulierbarkeit. Ein Hochdruckbrenner, der z. B. mit einer Preßluftmenge von 10 % der Verbrennungsluft arbeitet, läßt die Ölzufuhr ohne Veränderung der Zerstäubungsluftmenge auf $^1/_{10}$ seiner Leistung, mit Veränderung der Zerstäubungsluftmenge noch weiter drosseln. Der Niederdruckbrenner dagegen, bei welchem meist die gesamte Verbrennungsluft zur Zerstäubung herangezogen wird, läßt sich nur in beschränktem Maße drosseln, da bei zu starker Drosselung die Windpressung in der Düse unter diejenige Pressung sinkt, bei welcher noch eine genügende Austrittsgeschwindigkeit der Luft und demgemäß eine genügende Zerstäubung sich ergibt. Die Regulierfähigkeit nach unten in Prozenten der vollen Brennerleistung ist angenähert

$$x = 100 \sqrt{\frac{p}{p_{\min}}},$$

wobei p den zur Verfügung stehenden Luftdruck, $p_{\min}$ den kleinsten Luftdruck bedeutet, mit dem die Düse noch einwandfrei arbeitet. Eine Verbesserung des Niederdruckbrenners in bezug auf die Regulierbarkeit läßt sich daher nur dadurch erreichen, daß man die Regulierung nicht durch Veränderung des Winddrucks, sondern der Größe der Ausflußöffnung herbeiführt. Ein Vorteil des Niederdruckbrenners dagegen gegenüber dem Hochdruckbrenner ist seine infolge der geringeren Strömungsgeschwindigkeit leichtere Inbetriebsetzung, die Möglichkeit der Verwendung von einfachen und billig arbeitenden Ventilatoren und die verringerte Stichflammenbildung, sowie das geringere Geräusch im Betriebe.

Man kann die Vorteile von Hoch- und Niederdruckbrennern dadurch miteinander kombinieren, daß man zur Erzielung einer guten Regulierfähigkeit und besonders guten Zerstäubung einen Teil der Verbrennungsluft als Preßluft mit hoher Spannung zuführt, während der Hauptteil der Luft mit niedriger Spannung als Gebläsewind (25—50 mm WS.) zugeführt wird. In dieser Weise wird man besonders dann verfahren, wenn entweder Preßluft bereits zur Verfügung steht oder eine so große Anzahl von Ölfeuerstätten erstellt werden soll, daß sich die Errichtung einer getrennten Ventilatoren- und Kompressoranlage lohnt. Der Hauptteil der Verbrennungsluft wird dann durch die Ventilatorenanlage zugeführt. Die Zuführung der gesamten Verbrennungsluft als Preßluft würde die Betriebskosten beträchtlich steigern und wird daher kaum noch angewendet.

Dampfzerstäubung wird im allgemeinen nur bei Kesselfeuerungen angewendet, weil dort Dampf ohnehin zur Verfügung steht, und die Verringerung der Flammentemperatur durch den Dampfzusatz hier weniger schädlich ist als bei Industrieöfen, da beim Kessel die Abgase mit viel niedrigeren Temperaturen in den Fuchs gehen und daher prozentual weniger Wärme mit sich führen als bei letzteren. Wichtig ist aber auch bei Dampfzerstäubern eine möglichst hohe Überhitzung des Dampfes.

Nicht nur wird dadurch der prozentuale Dampfbedarf verringert, sondern es wird auch eine heißere Flamme erzielt. Naßdampf ist auf jeden Fall zu vermeiden.

Druckluftzerstäuber arbeiten im allgemeinen mit bis zu 7 at., Dampfzerstäuber von 6 at. aufwärts. Wenn auch im großen ganzen die Konstruktion im Prinzip dieselbe ist, so muß doch den verschiedenartigen Expansionsverhältnissen Rücksicht getragen werden. Auch fallen nach vorstehendem die Dampfquerschnitte im allgemeinen kleiner aus als die entsprechenden Luftquerschnitte.

Die Verwendung von Niederdruckbrennern erfolgt im allgemeinen bei größeren Anlagen dann, wenn nicht allzu große Regulierfähigkeit erforderlich ist, oder, falls die Regulierfähigkeit durch Düsen mit veränderlicher Austrittsöffnung erzielt wird, sowie, wenn bereits Gebläsewind von niedrigem Druck zur Verfügung steht und die Errichtung einer besonderen Gebläseanlage vermieden werden soll.

Von welcher Wichtigkeit ein geringer Betriebsdruck ist, zeigt folgendes Beispiel:

Zur Verbrennung von 1 kg Teer zum Preise von 90 Pf. seien 10 cbm Luft von 1000 mm Ws. erforderlich. Der Wind werde in einem elektrisch angetriebenen Kapselgebläse mit einem Gesamtwirkungsgrad von 30 % erzeugt bei einem Preis von 90 Pf., für die KWST betragen die Stromkosten für diese 10 cbm Wind 9 Pf., d. h. 10 % der Brennstoffkosten. Leistet ein anderer Brenner dieselbe Zerstäubungsarbeit schon mit 500 mm Ws., so kann ein elektrisch betriebener Ventilator mit einem Wirkungsgrad von 60 % verwendet werden. Die Stromkosten sinken dann auf 2,5 % der Brennstoffkosten, d. h. die Ersparnis beträgt 7,5 % der Brennstoffkosten. Tatsächlich wird die Ersparnis noch erheblich größer, da Amortisation und Verzinsung nicht berücksichtigt sind und da bei Teilbelastung der Kraftverbrauch des Kapselgebläses nicht geringer wird, da die geförderte Luftmenge konstant ist.

Die Anbringung des Brenners am Ofen kann entweder offen oder geschlossen erfolgen. Während früher die offene Anbringung bevorzugt wurde, bei welcher gleichzeitig durch die Injektorwirkung der Düse Nebenluft angesaugt wird, bevorzugt man neuerdings die geschlossene Anordnung des Brenners. Letztere erfordert zwar die Zuführung der gesamten Verbrennungsluft durch den Brenner, soweit sie nicht an einer späteren Stelle als Sekundärluft zugeführt wird. Diese Anordnung hat aber den Vorteil, daß der Brenner gleichmäßiger brennt, da die Verbrennung nicht von Zufälligkeiten der Nebenluftzuführung und des Schornsteinzugs abhängig ist. Gleichzeitig ist der Betrieb sauberer und geräuschloser. Allerdings erfordert er eine Brennerkonstruktion, welche trotz der größeren Erhitzung bei der geschlossenen Anbringungsart dauernd betriebssicher arbeitet.

Die offene Anbringung von Ölbrennern wird bisweilen so durchgeführt, daß der Brenner zwecks Reinigung und Abkühlung bei Nicht-

benutzung ausgeschwenkt werden kann (s. Abb. 50). Die Lage des
Brenners ist im allgemeinen so, daß seine Achse, d. h. die Richtung
der austretenden Flamme, horizontal ist. Diese Anordnung ist diejenige,
welche am einfachsten durchzuführen ist. Die stehende Anordnung, wobei der Brenner von unten nach oben bläst, hat vor allem den Nachteil,
daß bei nicht vollkommenster Zerstäubung Öltropfen in die Düse zu-
rückfallen und in die Luftleitung zurückfließen, so daß sich in derselben
im Laufe der Zeit beträchtliche Ölmengen ansammeln können, welche
den Luftdurchtritt erschweren und den Brenner verschmutzen. Bei
hängender Anordnung ergibt sich der Nachteil, daß bei abgestellter
Düse die im Ofen befindlichen heißen Gase aufsteigen, den Brenner aus-
glühen und in demselben etwa enthaltene Ölreste zum Verkoken bringen.
Auch im Betriebe ist die Erhitzung des Brenners bedeutend stärker als
bei liegender Anordnung.

Ein Verkoken von Öl tritt unter Umständen, d. h. bei starker Rückstrahlung der glühenden Ofenwände, in dem abgestellten Brenner auch
bei horizontaler Brenneranordnung ein. Deswegen werden gewisse
Brennerkonstruktionen mit einem besonderen Preßluft- oder Dampfan-
schluß ausgerüstet, welcher es gestattet, nach Außerbetriebsetzung des
Brenners die Ölkanäle auszublasen. Vor allem ist dies wichtig bei solchen Brennerkonstruktionen, welche eine veränderliche Austrittsöffnung
aufweisen und daher bewegliche Teile enthalten. Die Anordnung dieser
beweglichen Teile soll hierbei derart sein, daß sowohl im Betriebe wie
im Stillstand ein Benetzen mit Öl der aneinander gleitenden Flächen
der beweglichen Teile ausgeschlossen ist, da sonst mit der Zeit ein Fest-
brennen dieser Teile unvermeidlich ist.

Bei der Anbringung und der Konstruktion der Brenner muß auch
der ungleichmäßigen Wärmeausdehnung derselben Rechnung getragen
werden. Die Wärmeausdehnung ist naturgemäß besonders stark an der
Mündung, welche durch die strahlende Wärme der Flamme und der
glühenden Ofenwände stark erhitzt wird.

Als Material für die Konstruktion der Zerstäuber wird Grauguß,
Temperguß, für gewisse Teile Schmiedeeisen, ferner Bronze verwendet.
Bei solchen Heizölen, welche einen starken Säuregehalt aufweisen, ist
es erforderlich, demselben durch eine geeignete Legierung des Materials
der ölführenden Teile Rechnung zu tragen; evtl. müssen solche Teile,
welche durch die Säure oder die starke Erhitzung einer besonderen Ab-
nützung unterworfen sind, auswechselbar gemacht werden. Neuerdings
wird im allgemeinen als Material für den Brenner selbst Gußeisen, für
die ölführenden Teile Bronze bevorzugt.

Zweckmäßigerweise wird der Brenner mit einem Luftanschluß versehen, von welchem aus ein Schlauchhahn eine Verbindung mit einem
Manometer gestattet. Dieser Anschluß ist bei Brennern mit nicht regelbarer Austrittsöffnung, welche in der Zuleitung eine Drosselklappe oder
ein sonstiges Regelorgan besitzen, zwischen diesem Organ und der Düse

anzuordnen, weil dann die Größe der Pressung im Brennergehäuse sich mit der veränderten Stellung des Drosselorgans verändert, also einen genauen und rechnerisch zu ermittelnden Anhalt für die Leistung des Brenners gibt. Bei Brennern mit regelbarer Ausflußöffnung ist eine Skala anzuordnen, welche die Größe der Öffnung in Prozenten der vollen Öffnung abzulesen gestattet.

Bei Niederdruckbrennern kann der Düsendurchmesser in Millimetern ermittelt werden nach der Formel

$$D = \frac{K \cdot \sqrt{Q \cdot a}}{\sqrt[4]{p_0}},$$

wobei p_0 den Druck vor der Düse in mm WS., Q die stündliche Ölmenge in kg, a das Verhältnis der durch die Düse gehenden zur gesamten Verbrennungsluft bedeutet. Der Faktor K ist bei stoßfreier Luftführung in der Düse mit 35, bei Düsen mit tangentialer Luftbewegung mit bis zu 38 einzusetzen.

Die nachstehenden Abbildungen geben eine größere Anzahl von ausgeführten Brennerkonstruktionen wieder. Abb. 19 zeigt den Bueß-

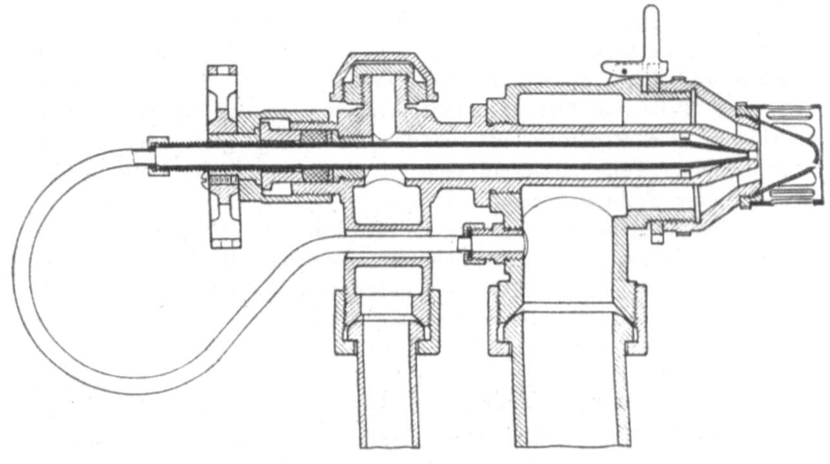

Abb. 19.

brenner, eine der ältesten deutschen Konstruktionen. Derselbe besteht im wesentlichen aus drei ineinandergesteckten Düsen. Die innerste ist axial verstellbar und regelt dadurch den Ölzufluß. Sie ist durch ein biegsames Rohr mit dem an die äußerste Düse angeschlossenen Hauptluftanschluß verbunden. Die Anordnung ist also derart, daß der Ölstrom von innen und außen durch die Luft erfaßt und zerstäubt wird. Der Brenner ist an seinem Mundstück mit einem kegelartig geformten Drahtsieb ausgestattet, welches eine Dämpfung des infolge der hohen Luftpressung starken Geräusches bewirkt. Dieses Sieb ist an einem Ring befestigt und abschraubbar. Wenn der Brenner gereinigt werden soll, wird die Siebkappe durch eine geschlossene Kappe ersetzt, die Luft tritt dadurch in die Ölleitung zurück und bläst dieselbe aus. Der Brenner arbeitet mit Luftpressungen von 0,3 Atm. aufwärts.

Eine weitere Konstruktion eines Hochdruckbrenners zeigt Abb. 20. Derselbe besteht aus einem inneren Luftrohr, welches in eine Laval-Düse mündet. Das mantelförmig das Luftrohr umgebende Öl fließt dieser Düse an der engsten Stelle durch kleine Bohrungen radial zu. Die Regulierung der Preßluftzufuhr erfolgt durch einen in der Brenner-achse angeordneten Hahn-konus. Dieser Konus wird durch eine Feder in seine

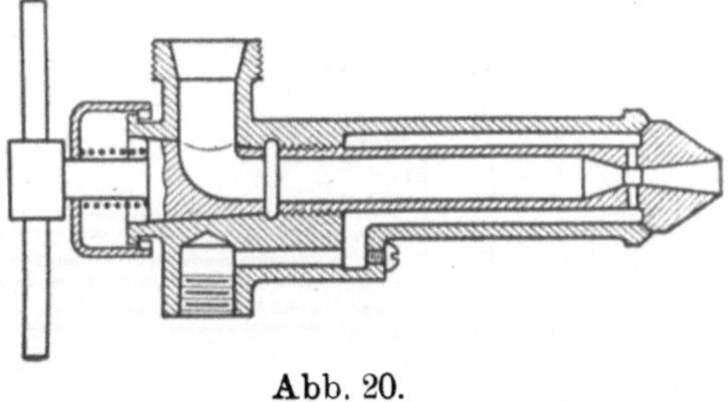

Abb. 20.

Bohrung gepreßt. Die Feder wiederum ist durch eine vermittels eines Bajonettverschlusses in einfachster Weise gesicherte Überwurfkappe ge-halten. Durch einfaches Drehen des Bajonettverschlusses kann der Hahn-konus herausgenommen und die Düse gereinigt werden. Der Zerstäuber arbeitet mit Pressungen von 0,1 Atm. aufwärts.

Abb. 21[1]) zeigt einen Dampfzerstäuber der Westfälischen Maschinen-bau-Industrie. Durch den unteren Anschluß wird Dampf zugeführt. Der Dampf tritt in einem rechts angeordneten Düsenkopf, welcher auswechselbar ist, durch einen schmalen, horizontalen Schlitz aus. Oberhalb desselben tritt das Öl ebenfalls durch einen Schlitz aus; die Öltröpfchen werden von dem Dampfstrahl erfaßt und zer-stäubt. Ein in der Achse der Ölzuleitung angeordneter ein-

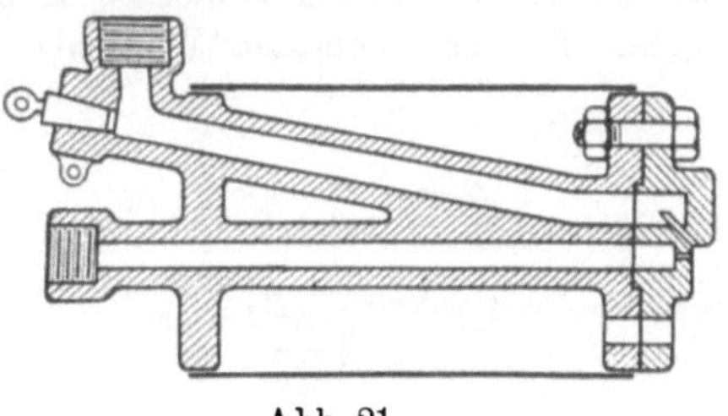

Abb. 21.

geschliffener Stopfen gestattet eine Reinigung der Düse. Der Zerstäuber ist durch einen Wärmeschutzmantel gegen Überhitzung geschützt.

Eine zweite Konstruktion derselben Firma zeigt Abb. 22. Diese Konstruktion enthält zunächst einen Injektor, vermittels dessen der Dampf ein gewisses Quantum Luft ansaugt und komprimiert. Dieses Dampf-luftgemisch tritt wieder in einem schmalen Schlitz aus, wodurch das von oben auf diesen flachen Dampfluftstrahl auftretende Öl zerstäubt wird. Die Luftzutrittsöffnungen sind zur Schalldämpfung mit einem gelochten Mantel umgeben. Dampfluft- und Ölzuführung sind mit einem Wärme-schutzmantel geschützt. Dieser Zerstäuber erfordert natürlich eine wesent-

---

[1]) Meier, Gas- und Ölfeuerungen, Techn. Mitteilungen, 1915.

lich höhere Dampfpressung, da ein großer Teil des Drucks im Injektor verlorengeht.

Eine weitere Zerstäuberkonstruktion zeigt Abb. 23. Das Öl strömt, durch ein Nadelventil regelbar, zentral dem Zerstäuber zu. Dieses zentrale Rohr läßt sich durch eine Überwurfmutter, welche in eine Ringnut.

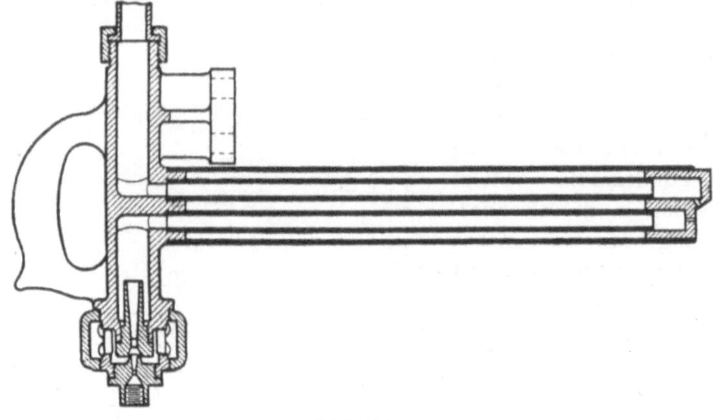

Abb. 22.

des Ölrohres eingreift, axial verschieben, da das Ölrohr durch eine Schraube und Längsnut an einer Drehung verhindert ist. Hierdurch läßt sich vermittels des konischen Kopfes am Ölrohr der Dampfaustritt regeln. In den konischen Ventilsitz münden eine Anzahl feiner Bohrungen, durch welche das Öl an der Stelle größter Dampfgeschwindigkeit austritt. Durch diese Ausbildung des Düsenkopfes erhält die Flamme eine hohlkegelige Form.

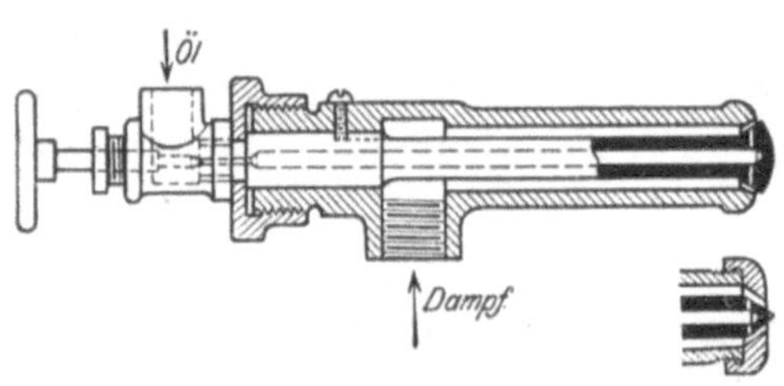

Abb. 23 u. 24.

Durch eine zweite Ausbildung des Düsenkopfes nach Abb. 24, welche nach einem ähnlichen Prinzip erfolgt, wird ebenfalls eine kegelige Form der Flamme erzielt. Der Zerstäuber kann auch mit Luft betrieben werden, er arbeitet mit Luftpressungen von 0,08 Atm. aufwärts.

Abb. 25 [1]) zeigt den Wolff-Zerstäuber, welcher mit Heißdampf betrieben wird. Das Heizöl wird zentral dem vorderen Teil des Zerstäubers zugeführt. Der Dampf strömt zunächst durch einen ringförmigen Schlitz zwischen Gehäuse und Ölrohr in einen vor dem Ölaustritt befindlichen Raum und von da, mit dem feinzerstäubten Öl gemischt,

---

[1]) Glasers Annalen, 15. 1. 1918.

durch einen flachen Schlitz in die Feuerung. Der Dampfbedarf beträgt etwa 0,235 kg pro kg Öl. Er wird um so niedriger, je höher Dampfpressung und Überhitzung.

Abb. 26 zeigt eine mit Preßluft oder Dampf arbeitende Zerstäuberdüse, welche infolge Rotation des Dampf- bzw. Preßluftstrahls eine stark streuende Flamme ergibt. Der Zerstäuber besteht aus einem Gehäuse,

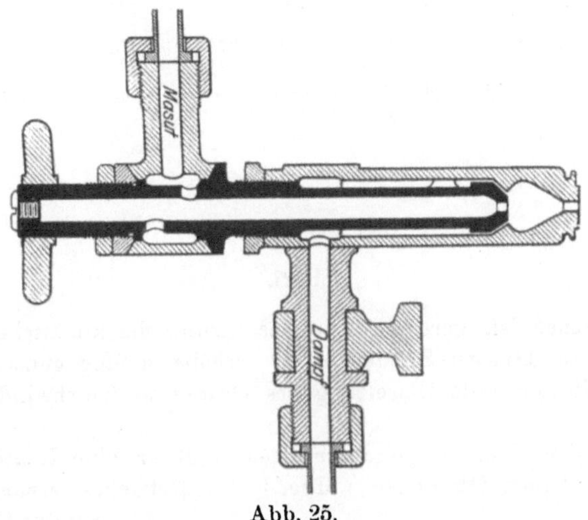

Abb. 25.

an welches eine Preßluft- oder Dampfleitung angeschlossen ist. Axial im Gehäuse befindet sich ein vorn erweitertes Ölrohr, dessen Ölzufluß durch ein Nadelventil regulierbar ist. Unmittelbar hinter der Erweiterung des Ölrohrs münden in dieses vom Luftraum her vier tangentiale Bohrungen, so daß in dieser Erweiterung ein stark wirbelnder Preßluftbzw. Dampfstrahl entsteht, welcher nicht nur eine äußerst feine Zerstäubung herbeiführt, sondern auch sich nach Verlassen der Düse schnell ausbreitet und dadurch eine kurze, heiße Flamme erzeugt. Zum Betriebe genügt Preßluft von 0,15—0,25 Atm.

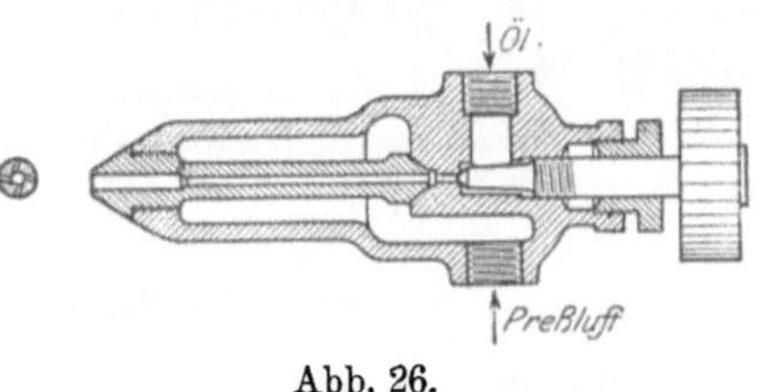

Abb. 26.

Abb. 27[1]) zeigt den Dragu-Zerstäuber, welcher in großem Maßstabe bei Lokomotivfeuerungen der rumänischen Staatsbahnen Verwendung gefunden hat. Der Zerstäuber gehört zu den Konstruktionen mit regelbarer Dampf- und Ölaustrittsöffnung. Er besteht aus einer Dampfdüse, welche mit einem Außengewinde im Gehäuse drehbar gelagert ist und daher durch Drehung in

---

[1]) Sußmann, Ölfeuerung für Lokomotiven.

axialer Richtung verschoben werden kann, wodurch eine Regelung des Ölausflusses bewirkt wird. Die Dampfmenge wird durch eine in der Dampfdüse zentral angeordnete Nadel, deren hinteres Ende ebenfalls mit

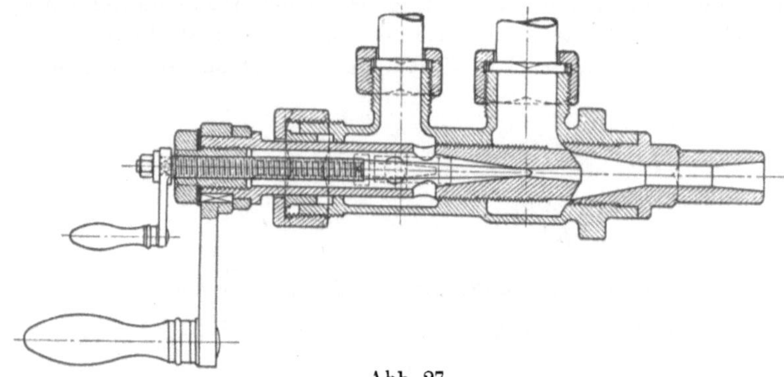

Abb. 27.

Gewinde versehen ist, geregelt. Die Ausnutzung der kinetischen Energie des Dampfes im Dragu-Zerstäuber ist verhältnismäßig günstig, da die Düse auf weitestgehende Umsetzung des Drucks in Geschwindigkeit berechnet ist.

Anstatt den Brenner so auszubilden, daß er eine Reinigung der verschiedenen feinen Öffnungen während des Betriebes ermöglicht, ist es unter Umständen richtiger, ihn bzw. die ganze Ölfeuerungsanlage so auszuführen, daß ein Verstopfen überhaupt nicht möglich ist. Der Zerstäuber hat dann den Vorteil, daß er überhaupt keiner Wartung bedarf. Ein Beispiel einer derartigen Ausführung

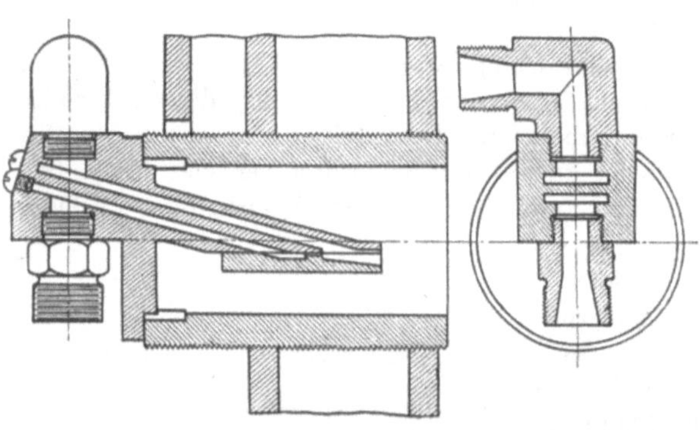

Abb. 28 u. 29.

zeigen Abb. 28 und 29[1]). Der Sußmann-Zerstäuber besteht aus einem Düsenkörper, in welchem übereinander zwei Kanäle von rechteckigem Querschnitt liegen. Durch den unteren strömt Dampf, durch den oberen Öl. Auf der Mündungsseite ist der Zerstäuber durch eine Platte verschlossen, welche, wenn sie abgenutzt ist, ausgewechselt werden kann. Durch einen schmalen Schlitz tritt der Dampf aus und erfaßt das von oben auf ihn herabfließende Öl.

---

[1]) Sußmann, Ölfeuerung für Lokomotiven.

Mit diesem Brenner hat Sußmann eine größere Anzahl von Versuchen an preußischen Staatsbahnlokomotiven ausgeführt und gute Ergebnisse erzielt.

Abb. 30 zeigt einen Zerstäuber von Essich. Er besitzt eine Expansionsdüse für den Dampf, deren Querschnitt durch eine Spindel mit schlankem Konus geregelt wird. Der Dampf wird ihr durch tangentiale Schlitze angeführt, welche durch eine zur Düse konzentrische Buchse teilweise abgedeckt werden können. Hierdurch kann die Streuung des Dampfstrahles

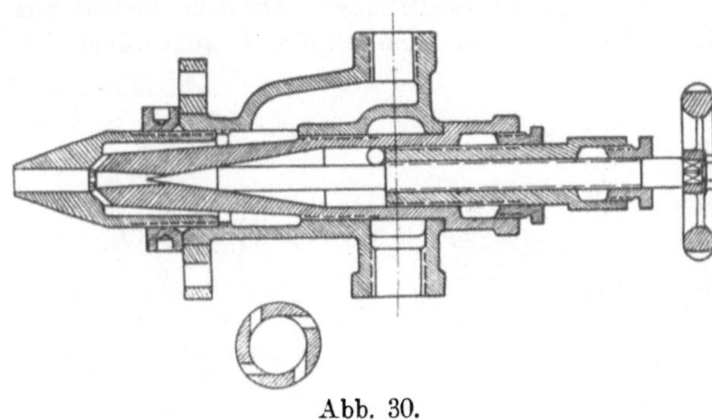

Abb. 30.

nach Verlassen des Zerstäubers geregelt werden. Das Öl wird an der Stelle größter Geschwindigkeit dem Dampfstrahl an mehreren Stellen angeführt.

Abb. 31 und 32 zeigt einen Dampfzerstäuber Bauart Holden, wie er bei den Österreichischen Staatsbahnen eingeführt ist. Er besteht aus

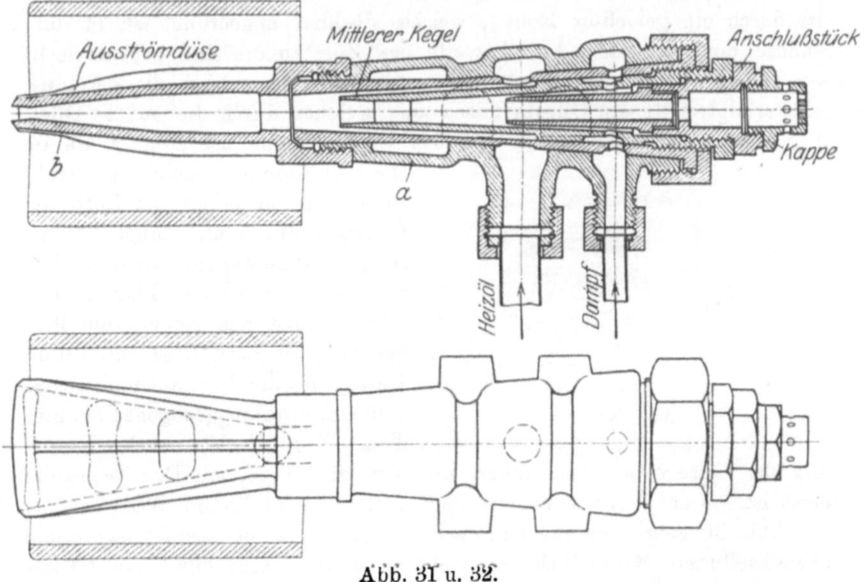

Abb. 31 u. 32.

einem Gehäuse a, welches ein gußeisernes flaches Mundstück b besitzt. Im Gehäuse befinden sich drei konzentrische Düsen; der zwischen der inneren und mittleren strömende Dampf saugt durch die innere Düse

Luft an, und das so gebildete Dampf-Luftgemisch reißt das Öl, welches zwischen der äußeren und mittleren Düse strömt, mit sich und schleudert es fein verteilt in die Feuerung, wobei durch das flache Mundstück eine fächerförmige Flamme erzielt wird.

Abb. 33 und 34 zeigen den Selas-Brenner. Derselbe besteht aus einem Gehäuse a, in welchem zentral eine Öldüse b angeordnet ist,

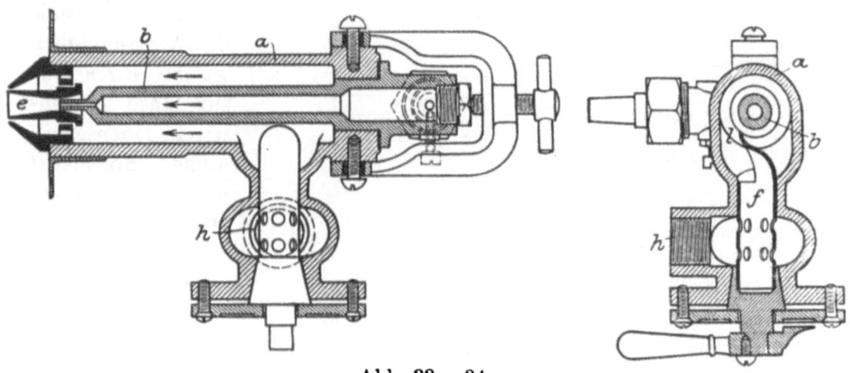

Abb. 33 u. 34.

welche eine enge Austrittsöffnung e enthält. Die bei h zugeführte Luft tritt durch ein gelochtes Rohr f, welches drehbar angeordnet ist, in das Gehäuse ein. An der Austrittsseite des Zerstäubers sind konzentrisch zwei Düsen angeordnet; durch die innere Düse, in welcher die Zerstäubung erfolgt, tritt ein Ölluftgemisch aus, welches durch die äußere Düse mit einem reinen Luftmantel umgeben wird. Wenn das Rohr f die in

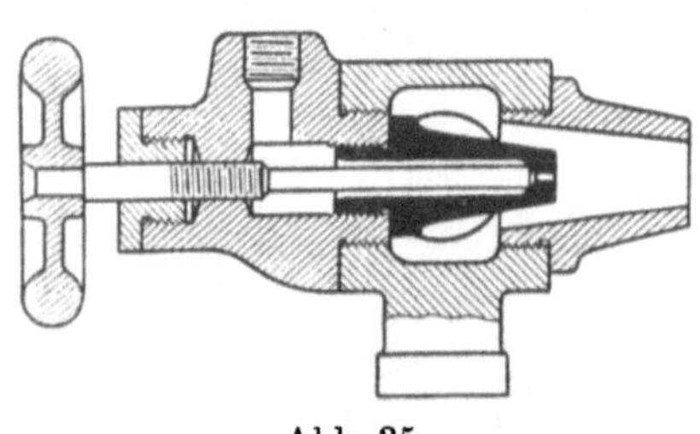

Abb. 35.

der Abbildung gezeichnete Stellung hat, so erhält die Luft im Gehäuse durch die Zunge l eine rotierende Bewegung, so daß sich eine stark streuende Flamme ergibt. Wird das Rohr f um 90^{0} gedreht, so hört diese rotierende Bewegung der Luft auf und es ergibt sich eine langgezogene Flamme. Das Ölrohr b ist zwecks Reinigung der Düse e herausnehmbar, nachdem ein Bügel mit Druckschraube gelöst ist. Der Brenner arbeitet mit Luft von 1500 mm WS.

Abb. 35 zeigt den De Fries-Brenner. Derselbe besteht aus einem auswechselbaren Mundstück, in welchem zentral eine durch ein Nadelventil regelbare Öldüse angeordnet ist. Der Brenner arbeitet mit einem Luftdruck von 1500 mm WS.

Eine zweite Konstruktion derselben Firma zeigt Abb. 36. Diese Konstruktion besitzt mehrere ineinander liegende Düsen l, k, b und s, zwischen welchen drei ringförmige und ein innerer kreisförmiger Querschnitt verbleiben. Durch das innerste Rohr sowie durch die beiden äußeren ringförmigen Querschnitte tritt Luft aus, durch den zwischen den Rohren b

und s befindlichen ringförmigen Raum Öl. Das Luftrohr s besitzt an seinem äußeren Ende einen mit einer scharfen Kante versehenen Kopf. Durch Drehung des Handrades m läßt sich dieser Kopf verschieben und die Ölmenge regeln. Durch Drehung des Handrades v wird die durch das zentrale Luftrohr strömende Luftmenge verändert. Die Mischung von Luft und Öl findet im vordersten Teil der Düse statt.

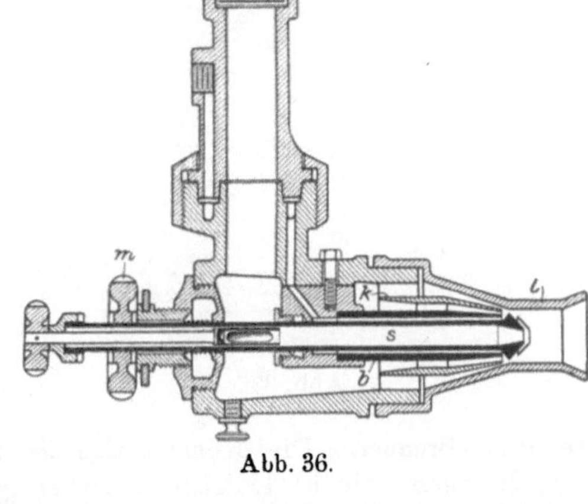

Abb. 36.

Abb. 37 und 38 zeigen den Boye-Brenner. Derselbe besteht aus einem durch ein Handrad regelbaren Nadelventil, an welches sich ein nach der Düse führendes Ölrohr anschließt. Dieses Ölrohr ist an seinem äußersten Ende stark verdickt und mit einer konischen Dichtungsfläche versehen, welche sich beim Zurückziehen des Brennermundstücks gegen dieses legt. Hierdurch kann die austretende Luftmenge geregelt werden. Diese Verschiebung des Brennermundstücks erfolgt durch das größere Handrad, welches durch zwei Zugstangen seine axiale Bewegung auf das Mundstück überträgt. Der Brenner arbeitet mit Preßluft von 1000 bis 2000 mm WS. und ist besonders zur Beheizung kleinerer Öfen vielfach ausgeführt worden.

Abb. 39 zeigt den Poetter-Brenner. Er besteht aus

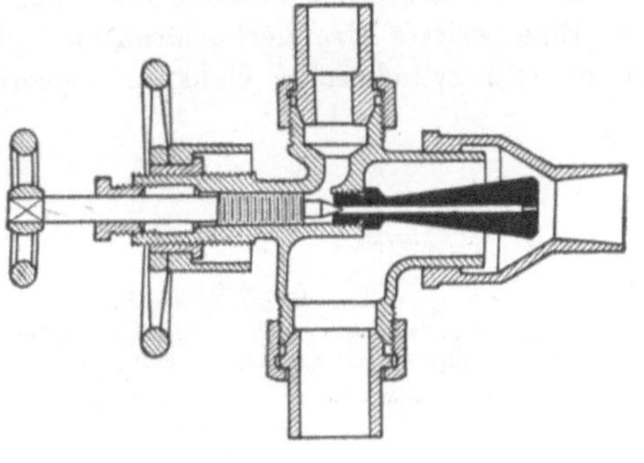

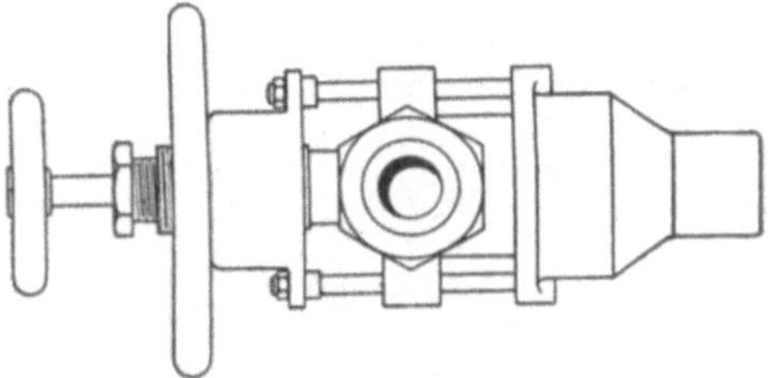

Abb. 37 u. 38.

einem winkelförmigen Gehäusestück a, an welches sich ein zylindrischer Teil b anschließt. Letzterer besitzt an seinem vorderen Ende ein

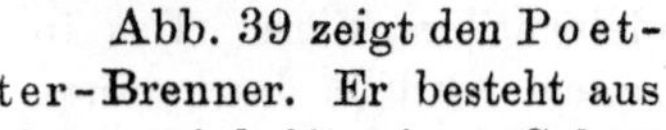

Mundstück c, welches mit Gewinde eingesetzt ist und durch Drehung in axialer Richtung verschoben werden kann. Im Gehäuse b befindet sich eine sich konisch verengende und mit Innengewinde versehene Büchse d, in der die Luft eine schraubenförmige Bewegung erhält. In den vorderen weiteren Teil dieses Einsatzes tritt von untenher Öl ein und wird in lebhafte Wirbelung versetzt und zerstäubt. Der Ölluftnebel tritt durch Schlitze e in den äußeren Ringraum aus, wo er von einem äußeren Luftmantel erfaßt wird und sich mit diesem mischt. Der Brenner arbeitet mit einer Luftpressung von 400 mm WS.

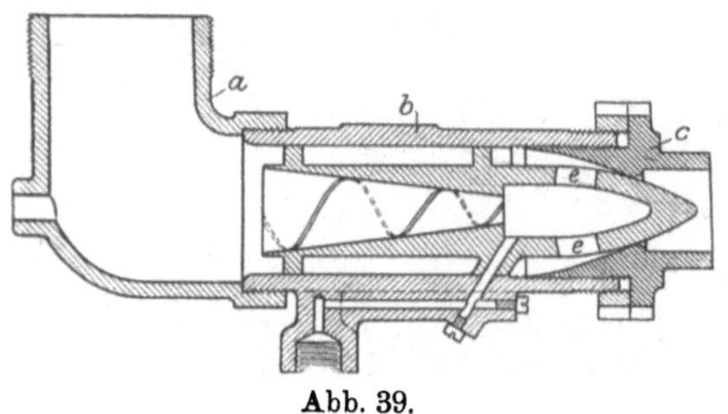

Abb. 39.

Abb. 40 zeigt den Pierburg-Brenner. Die Konstruktion ist ähnlich wie diejenige des Boye-Brenners. Sie ist lediglich einfacher gehalten, insofern die axiale Verschiebung des Mundstücks und damit die Regulierung der Luftmenge durch einfaches Drehen des mit Gewinde versehenen Mundstücks erfolgt. Der Brenner arbeitet mit 1000 mm WS. Windpressung.

Eine weitere Brennerkonstruktion zeigt Abb. 41. Dieselbe besitzt ein um ein zylindrisches Gehäuse angeordnetes Spiralrohr, welches der Luft im Gehäuse eine rotierende Bewegung erteilt. Im Gehäuse befindet sich eine zweite konzentrische Düse. In dieser inneren Düse ist eine Öldüse an-

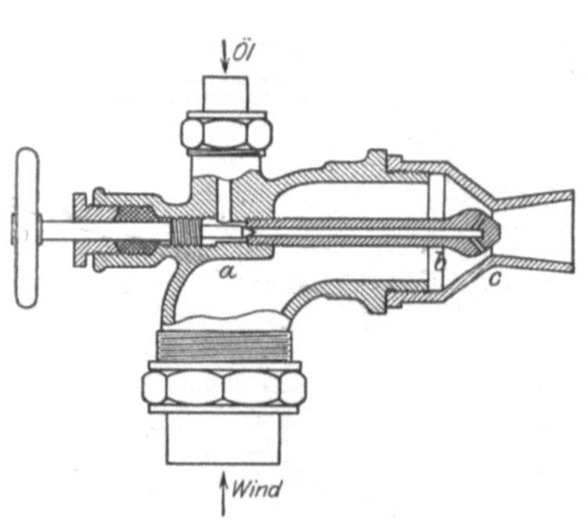

Abb. 40.

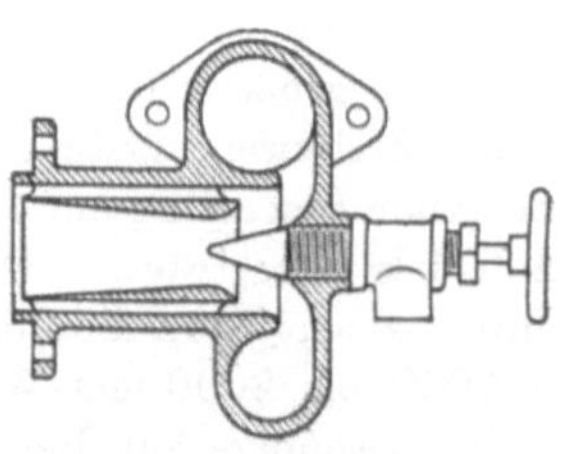

Abb. 41.

geordnet. Die Ölmenge wird durch ein Nadelventil reguliert. Das in der inneren Düse zerstäubte Öl wird bei seinem Austritt durch einen Mantel von reiner Zusatzluft umgeben, durch welchen das vom Rande der inneren Düse etwa abtropfende Öl in die Flamme geblasen wird.

Abb. 42—44 zeigen den S c h m i d t - Brenner. Derselbe besteht aus einem Gehäuse *k*, welchem die Luft durch eine Drosselklappe *g* regulierbar zugeführt wird. Im Gehäuse befindet sich eine äußere Düse *p* und eine innere Düse *n*. Letzterer strömt die Luft durch Tangentialschlitze *r* zu. In den zwischen beiden Düsen befindlichen Ringraum tritt die Luft durch Kanäle *o*. Das bei *a* zugeführte Öl tritt nach Passieren eines Filters *e* durch eine Anzahl feiner Bohrungen *d* in den inneren Düsenraum, wo es durch die wirbelnde Luft erfaßt und zerstäubt wird. Der bei *n* austretende Ölnebel wird durch den ringförmigen Schlitz *q* mit einem Zusatzluftmantel umgeben. Die Größe dieses Schlitzes und damit die Menge der Zusatzluft läßt sich durch axiale Verschiebung der Düse *p*

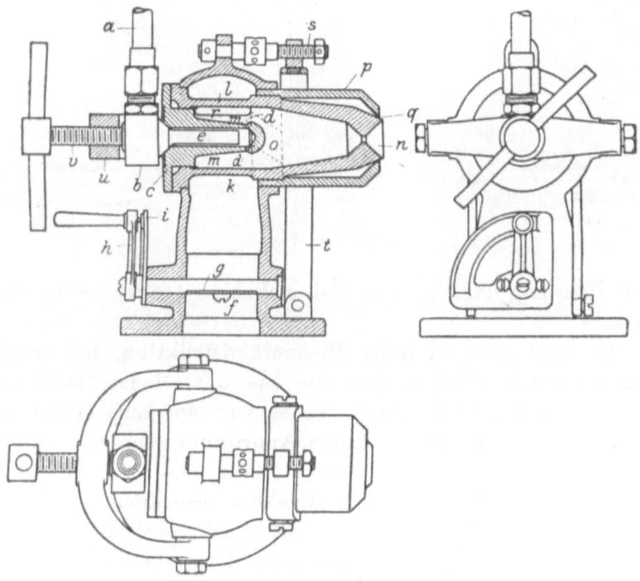

Abb. 42—44.

vermittels Drehung der Schraube *s* regeln. Nach Lösung der Knebelschraube *v* und Zurückklappen des Bügels *n* kann die Ölzuleitung samt dem Ölsieb *e*, der Öldüse *m* und der inneren Luftdüse *l* herausgezogen und gereinigt werden.

Abb. 45—47 zeigen den H a ß l e r - Brenner. Derselbe besteht aus einem Gehäuse *a*, welches ein axial verschiebbares Düsenrohr *e* enthält. Letzteres ist außen mit einem ventilartigen Flansch *g* versehen. Durch das Rohr *e* wird der Luftstrom in einen äußeren und inneren Strom unterteilt. Der äußere Strom kann vermittels axialer Verschiebung des Düsenrohres *e* geregelt werden. Vor dem Ende des Düsenrohres *e* befindet sich ein Rohr *c*, dessen Ende *f* flachgedrückt und fächerartig abgeschnitten ist. Das bei *h* zutretende Öl wird vermittels der durch

den Umführungskanal *b* und den ringförmigen Düsenraum *d* strömenden
Luft injektorartig angesaugt. Die im Düsenrohr *e* strömende Luft wird
durch das vor der Öffnung befindliche Rohr *f* auseinandergetrieben,
ergibt also, wenn das Ventil *g* (s. Abb. 47) geschlossen ist, eine stark
streuende Flamme. Ist *g* geöffnet, so werden die auseinanderstrebenden
Luftströme durch den axial gerichteten ringförmigen Luftstrom wieder

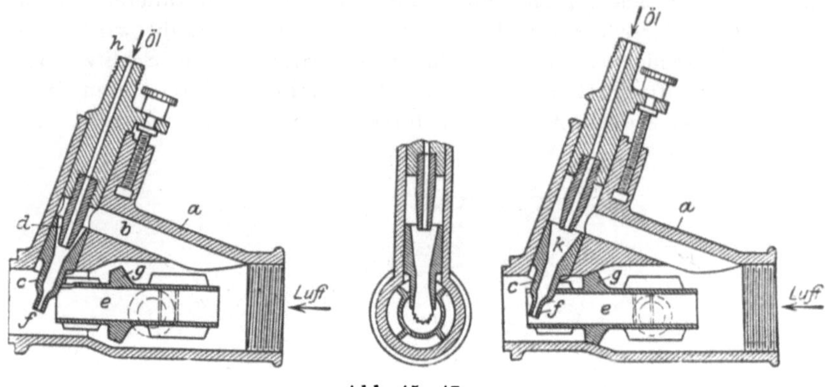

Abb. 45—47.

der axialen Richtung genähert, so daß sich eine lange, wenig streuende
Flamme ergibt.

Abb. 48 zeigt eine einfache Brennerkonstruktion, bei welcher die
Zerstäubung dadurch erfolgt, daß das aus der Ölaustrittsöffnung austretende Öl gegen ein Sieb spritzt, wo es von der Luft erfaßt und zerstäubt wird. Durch die gleichachsige Anordnung von Öl- und Luftanschluß läßt sich der Brenner leicht schwenkbar anordnen.

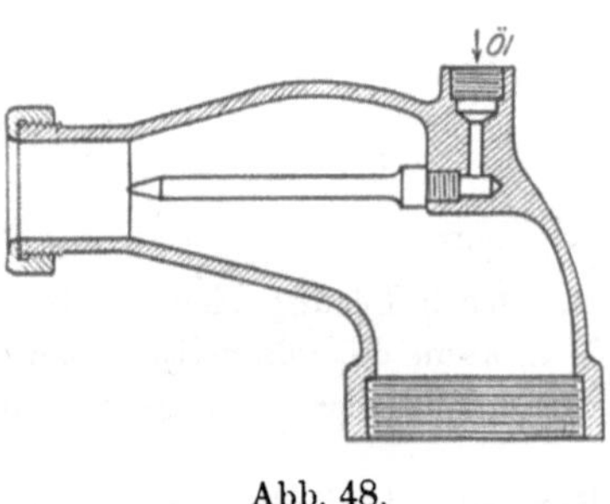

Abb. 48.

Abb. 49 zeigt den Humboldt-
Brenner. Derselbe besitzt eine regelbare Luftaustrittsöffnung. Das der zentral angeordneten Öldüse zufließende
Öl kann durch ein Nadelventil geregelt
werden.

Abb. 50—53 zeigen den Custo-
dis-Brenner. Derselbe ist als Flachbrenner ausgebildet. Er besteht im
wesentlichen aus einem feststehenden
und einem beweglichen Teil. Durch seitliches Ausschwenken des oberen,
die eigentliche Düse enthaltenden beweglichen Teils wird gleichzeitig die
Luftzufuhr abgesperrt. Die von oben erfolgende Ölzufuhr kann durch
einen Hahn mit Feinregulierung geregelt werden. Die Zerstäubung erfolgt durch eine in eine Zunge mit feinen Spitzen auslaufende und bis
in die Mündung hineinragende Rinne, welcher das Öl von oben zuläuft.

Die Größe der Austrittsöffnung kann durch Verstellen der an der Mündung angeordneten Platten geregelt werden.

Eine weitere Konstruktion eines Flachbrenners zeigen die Abb. 54 und 55. Vom Anschlußflansch des Brenners aus geht der Querschnitt

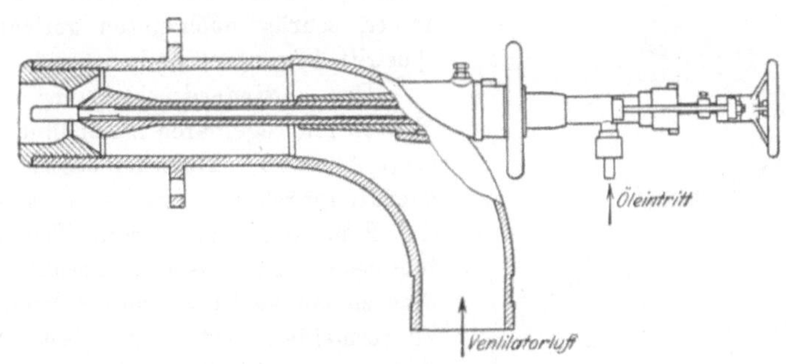

Abb. 49.

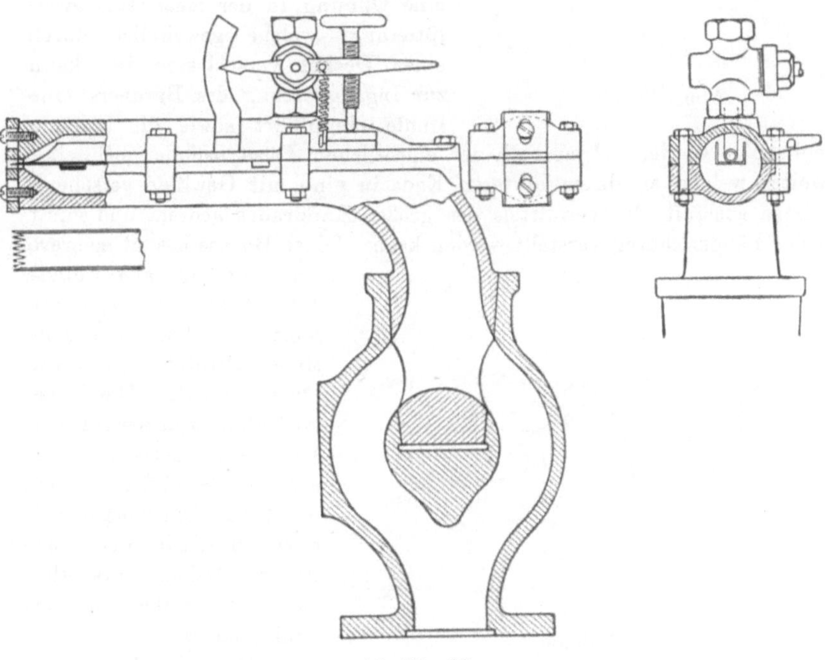

Abb. 50—53.

allmählich aus der runden Form in die flachrechteckige Form über, wobei sich der Querschnitt in der Austrittsöffnung auf $^1/_3$ des runden Querschnitts verringert. Dadurch, daß, von oben gesehen, die beiden äußersten Fäden des die Düse verlassenden Luftstroms einen Winkel von etwa 60° miteinander bilden, wird erreicht, daß, im Gegensatz zu der vorher erwähnten Brennerkonstruktion, sich tatsächlich hier eine fächerförmig sich ausbreitende Flamme ergibt. Die gleichmäßige Verteilung des Öls über die ganze Breite erfolgt durch einen über der Düse liegenden Kanal, welcher eine größere Anzahl feiner, schräg nach unten gerichteter Austrittsöffnungen besitzt.

Den Niederdruckbrenner von Essich mit regelbaren Düsenöffnungen zeigt Abb. 56. Derselbe besteht aus dem Hauptgehäuse, welches in seinem der Feuerung zugekehrten Teil eine feuerfeste Ausfütterung besitzt, um eine zu starke Erhitzung des Brenners zu vermeiden. Diese feuerfeste Ausfütterung schließt gleichzeitig den Düsenkanal nach außen ab. Durch eine Öffnung in der feuerfesten Ausfütterung, welche gewöhnlich durch einen Deckel verschlossen ist, kann zur Ingangsetzung des Brenners eine Lunte eingeführt sowie die Flamme

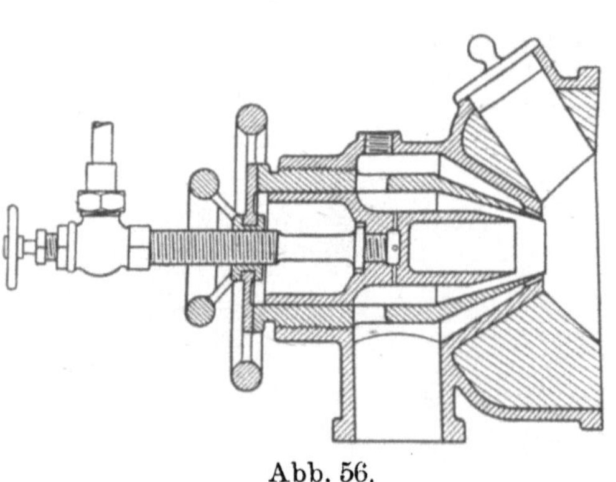

Abb. 54 u. 55.

beobachtet werden. Innerhalb der eigentlichen Düse befindet sich eine zweite, welche an ihrem hinteren Ende in eine mit Gewinde versehene Buchse ausläuft, die vermittels des großen Handrades gedreht und somit in der Längsrichtung verstellt werden kann. Diese Buchse besitzt mehrere am Umfang angeordnete tangentiale Schlitze, durch welche die Luft in tangentialer Richtung in diese Düse eintritt. Die Austrittsöffnung dieser inneren Düse wird geregelt durch einen in derselben zentrisch geführten Ventilkörper, welcher innerhalb der Düse durch Drehung des kleineren Handrades axial verschiebbar ist.

Abb. 56.

Die Ölzuführung erfolgt zentral in den Ventilkörper, in welchem das Öl durch mehrere radiale Bohrungen gleichmäßig verteilt wird. Die Arbeitsweise des Brenners ist derart, daß die von unten eintretende Luft zum Teil durch die tangentialen Schlitze in die innere Düse eintritt, wo sie infolge ihrer lebhaften Rotation das Öl mitreißt und zerstäubt und als kegelförmiger Strahl die innere Düse verläßt. Der übrige Teil der Luft tritt unmittelbar durch den zwischen der inneren und äußeren Düse verbleibenden ringförmigen Spalt aus. Durch Drehung des großen Handrades kann die Stärke dieses Luftmantels, durch Drehung des kleineren Handrades die Menge der die innere Düse verlassenden Luftmenge geregelt werden. Da durch Verschiebung des Ventiltellers nach der Düsenöffnung zu nicht nur die Austrittsöffnung der inneren Düse, sondern auch im gleichen Verhältnis die tangentialen Schlitze verengert werden, so ist das Verhältnis der axialen Geschwindigkeit zur tangentialen Geschwindigkeit bei allen Belastungsverhältnissen des Brenners konstant, so daß sich auch der Winkel, unter dem die Flamme sich ausbreitet, nicht ändert, was für die Wärmeverteilung bei vielen Öfen von Vorteil ist.

Da dieser Brenner infolge seiner regelbaren Öffnung auch bei Teilbelastung mit dem vollen zur Verfügung stehenden Druck arbeiten kann, so ist es möglich, mit dem Zerstäubungsdruck sehr weit herunterzugehen. Bei einer Vorwärmung von Teeröl auf 50° ergibt ein Winddruck von 80 mm WS. noch eine befriedigende Zerstäubung.

Abb. 57 zeigt den Teerbrenner von Lipinski, welcher besonders für die Verfeuerung minderwertiger, zähflüssiger Brennstoffe bestimmt ist. Derselbe besteht aus zwei ineinander angeordneten Rohren, von denen das äußere sich verengt, das innere sich nach der Mündung zu erweitert. Durch Zwischenräume zwischen dem äußeren und dem inneren Rohr strömt der Gebläsewind. Im inneren Rohr ist mit geringem Spiel

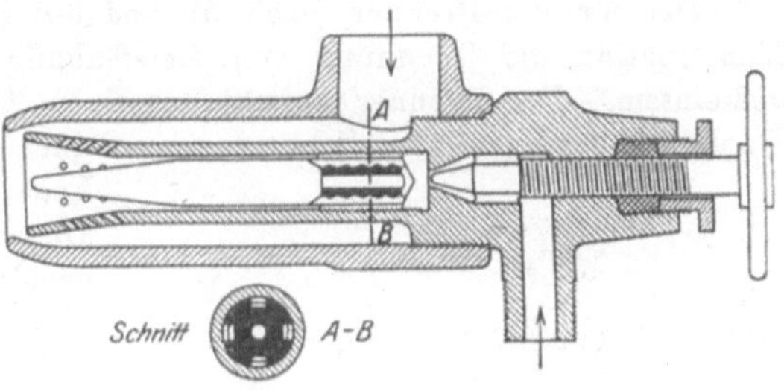

Abb. 57.

ein spitz zulaufender Dorn zentrisch befestigt. Durch den verbleibenden engen ringförmigen Querschnitt strömt, durch ein Nadelventil regelbar, das Heizöl. Im vorderen sich erweiternden Teil des inneren Rohres sind mehrere zur Achse des Brenners geneigte Öffnungen angeordnet, durch welche der größte Teil der Verbrennungsluft in den Ölkanal übertritt. Durch die starke Unterteilung des Luftstroms wird der Luft eine künstlich stark vergrößerte Angriffsfläche auf das Öl geschaffen und selbst bei niedriger Windpressung eine befriedigende Zerstäubung des Öls erreicht. Der erforderliche Winddruck beträgt bei einer Vorwärmung von Teer auf 70° C 500 mm WS.

Einen Brenner mit getrennter Zuführung von Zerstäubungs- und Verbrennungsluft zeigt Abb. 58. Der Brenner besteht aus einem Gehäuse, welches an einem feuerfest ausgefütterten, zum Abschluß des Düsenkanals dienenden gußeisernen Stutzen befestigt ist. In dieses sich konisch verengende Gehäuse, dem die Verbrennungsluft durch eine seitliche Öffnung zugeführt wird, ist der eigentliche Zerstäuber, welcher mit Preßluft oder Dampf betrieben wird, eingebaut. Der Zerstäuber besteht aus einem verhältnismäßig engen, geraden Rohr, in welches, durch ein nicht gezeichnetes Nadelventil regelbar, von oben das Öl eintritt. Die Preßluft tritt von unten ein; die Preßluftmenge wird ebenfalls durch ein Nadelventil geregelt. Auf der Spindel dieses Nadelventils sind Gewindegänge angeordnet, durch welche die Preßluft in lebhafte Rotation versetzt wird. Dies hat zur Folge, daß sich der Ölnebel beim Verlassen des Zerstäubers rasch über den ganzen Querschnitt

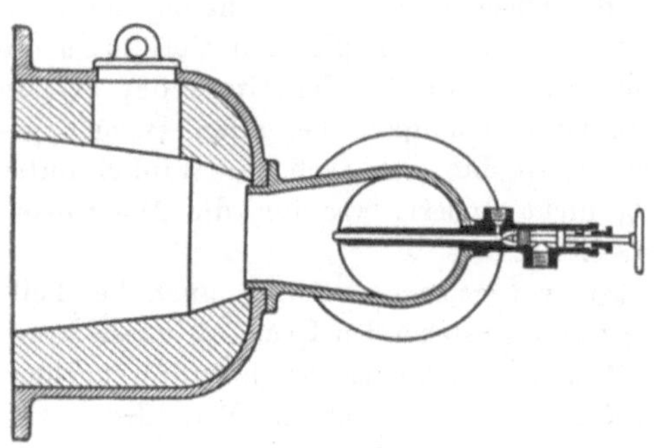

Abb. 58.

der Verbrennungsluftdüse ausbreitet. Die Zündung der Flamme erfolgt durch eine oben in dem gußeisernen Stutzen angeordnete Zündöffnung.

Der Ardelt-Brenner (Abb. 59 und 60) hat mit der vorerwähnten Konstruktion die Trennung von .Zerstäubungs- und Verbrennungsluft gemeinsam. Der Brenner besteht aus einem Gehäuse, in welchem eine Buchse mit tangentialen Schlitzen angeordnet ist, welche sich nach der Feuerung zu düsenartig verengt. Durch die tangentialen Schlitze erhält die Verbrennungsluft eine wirbelnde Bewegung. Zentral in dieser Buchse ist der eigentliche Zerstäuber angeordnet. Derselbe besteht aus zwei ineinandergesteckten Rohren, von denen das innere, welches sich nach der Feuerung zu konisch erweitert, die Preßluft, das äußere das Heizöl zuführt. Der Eintritt des Öls in die Luftdüse erfolgt an der Stelle, wo die konische Erweiterung der letzteren beginnt.

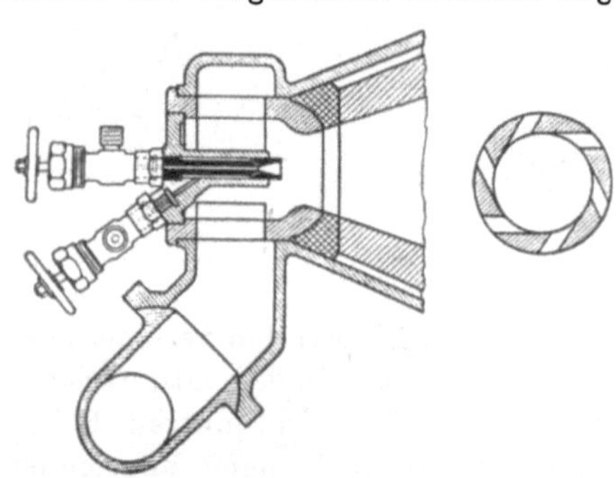

Abb. 59 u. 60.

Abb. 61 und 62 geben die Konstruktion eines tragbaren Brenners wieder. Dieses sog. Muffelfeuer besteht aus einem feuerfest ausgefütterten Zylinder, an dessen einem Ende sich die Düse befindet. Durch einen langen hohlen Schaft ist die Düse mit den Regulierorganen verbunden. Der links oben sichtbare Hahn dient zur Regelung der Luftmenge, der untere Hahn zur Regelung der Ölmenge. Öl und Luft sind durch biegsame Schläuche angeschlossen. Durch eine Glocke von halbkugeliger

Form sind die Regulierorgane vor Beschädigungen geschützt. Der Zerstäuber saugt sich durch das offene hintere Ende der Muffel Zusatzluft an, deren Menge durch ein Tellerventil, welches mit Gewinde auf dem

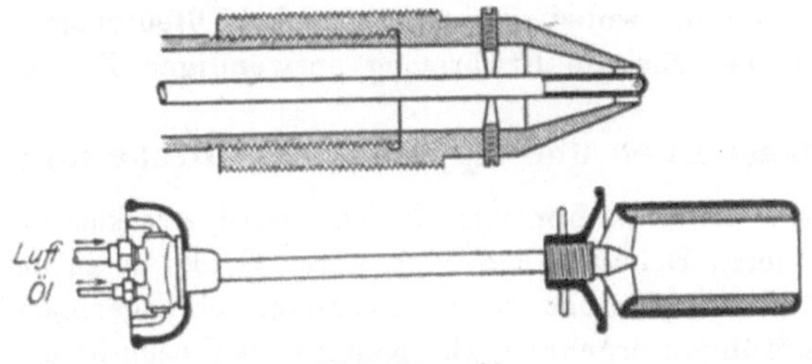

Abb. 61 u. 62.

Zerstäuber befestigt ist, geregelt werden kann. Die Konstruktion des Zerstäubers selbst zeigt Abb. 61. Er besteht im wesentlichen aus einer Luftdüse, in deren Mündung das Ölrohr hineinragt. Das Ölrohr ist am Ende verschlossen und mit vier seitlichen kleinen Ölaustrittsöffnungen versehen. Durch drei Schrauben wird das Ölrohr in der Luftdüse zentriert.

Eine zweite Konstruktion eines transportablen Muffelfeuers zeigen Abb. 63 und 64. Dieses Muffelfeuer, welches von der Firma Brüder Boye in Berlin hergestellt wird, besteht aus einem Ölbehälter a, welcher durch eine Ölleitung f mit dem Zerstäuber verbunden ist. Diesem Zerstäuber wird vermittels des beweglichen Schlauchanschlusses e Preßluft zugeführt. Die Preßluft dient gleichzeitig dazu, das Öl aus dem Behälter a in die Düse zu fördern. Die Flamme der Düse entwickelt sich in der feuerfest ausgefütterten Muffel d, wobei die Flamme gleichzeitig injektorartig Nebenluft ansaugt; g ist ein Druckreduzierventil. Mit

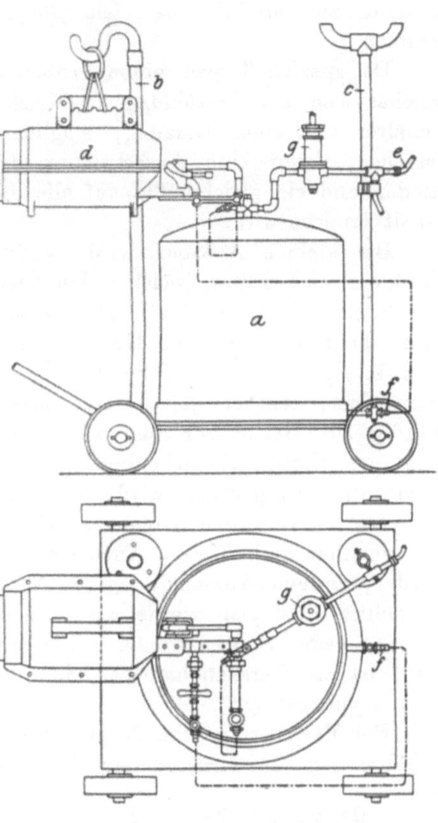

Abb. 63 u. 64.

einem derartigen Muffelfeuer hat Hartmann[1]) Vergleichsversuche zur Erwärmung von Kesselblechen vorgenommen, welche ergaben, daß sich die Kosten für die Erwärmung von 1 qcm Blech von 16 mm Stärke bei Verwendung von Gaskoks auf 0,25 Pf., von Holzkohle auf 0,3 Pf., von Öl auf 0,2 Pf. stellten, wobei sich außerdem bei Ölfeuerung eine wesentliche Abkürzung der für die Erwärmung notwendigen Zeit ergab.

4. Die Hilfsmaschinen und Apparate der Ölfeuerungstechnik.

Ölbehälter. Die Hauptmenge des Öls wird zweckmäßig in unterirdisch angeordneten Behältern gelagert, deren Größe so zu bemessen ist, daß sie auch beim Ausbleiben der Öllieferungen eine genügende Reserve gegen Betriebstörungen ergeben. Bei Kesselwagenbezug ist eine Mindestgröße von etwa 20 cbm erforderlich. Die Lage der Behälter ist so zu wählen, daß das Heizöl durch eine einfache Rinne mit natürlichem Gefälle aus dem Kesselwagen in die Behälter fließen kann. Die Behälter selbst sind, falls sie nicht verzinkt ausgeführt werden, mit säurefestem Anstrich zu versehen, da viele Öle einen gewissen Gehalt an Säure besitzen.

Da speziell Teeröl einen größeren Gehalt an Naphthalin aufweist, welches sich bei Abkühlung in Kristallform ausscheidet, so sind die Behälter mit einer Heizung, möglichst auch mit einem Rührwerk zu versehen, damit eine Ausscheidung des Naphthalins im Behälter vermieden und ein gleichmäßig auf alle Jahreszeiten verteilter Naphthalingehalt erreicht wird.

Bei kleinen Anlagen wird zweckmäßig außer dem Hauptbehälter ein kleinerer Behälter, welcher den Tagesbedarf faßt, über der betreffenden Feuerstelle angeordnet. Die Versorgung dieses Behälters mit Heizöl kann durch eine einfache Handpumpe erfolgen. Bei größeren Anlagen wird in einer gewissen Höhe über den Feuerstellen ein Zwischenbehälter angeordnet, welcher durch eine maschinell betriebene Pumpenanlage ständig mit Heizöl versehen wird, wobei der Flüssigkeitsspiegel durch eine von diesem Zwischenbehälter zum Hauptbehälter zurückführende Überlaufleitung geregelt wird. Derartige Zwischenbehälter werden, wenn sie nicht allzu große Dimensionen aufweisen, zweckmäßig geschweißt und verzinkt ausgeführt. Auch sie müssen mit einer Heizung versehen werden, um eine Ausscheidung von Naphthalin, welches die Rohrleitungen schließlich verstopfen würde, zu vermeiden.

An jeder Stelle, wo Öl aus der Leitung in einen Behälter übertritt, ist ein herausnehmbares Sieb anzuordnen, dessen Maschenweite etwa 1 mm beträgt.

Bei Verfeuerung von Naphthalin, welches in festem Zustand in den Behälter gegeben wird, ist eine besonders kräftige Heizung des Behälters

---

[1]) Hartmann, Versuch mit einem Calorex-Muffelfeuer, Z. d. V. d. I., 1911, S. 311.

auszuführen und derselbe außerdem nach außen mit Wärmeschutzmasse zu umkleiden.

Die Höhe, in welcher solche Zwischenbehälter angeordnet werden, ist nach folgenden Grundsätzen zu bemessen: Bei großen Gefällhöhen und kleinen in der Zeiteinheit zu verfeuernden Ölmengen ergeben sich für die zur Ölregelung dienenden Nadelventile so kleine Durchgangsquerschnitte, daß diese durch die im Öl frei schwebenden kleinen Naphthalinkristalle, welche an der Stelle engsten Querschnitts anwachsen, immer mehr verengt werden, so daß mit der Zeit eine starke Verringerung der Ölzufuhr eintritt, welche unter Umständen zu einem Erlöschen der Flamme führen kann. Aus diesem Grunde soll je nach der betreffenden stündlich zu verfeuernden Ölmenge das Gefälle eine gewisse Höhe möglichst nicht überschreiten. Umgekehrt ergeben sich bei größeren zu verfeuernden Ölmengen und kleinem Gefälle unnötig große Ventilquerschnitte. Zweckmäßig wird die Gefällhöhe nach folgender Formel bemessen:

$$h = 0{,}05\ Q\,,$$

wobei h in m, die stündliche Ölmenge Q in kg gemessen ist. h soll nicht kleiner als 0,2 m gewählt werden. Bei einer großen Ölfeuerungsanlage mit mehreren Feuerstellen ergibt sich hieraus für jede Feuerstelle eine andere Gefällhöhe, was praktisch nicht ausgeführt werden wird. Es wird hier zweckmäßig sein, die kleinste errechnete Gefällhöhe auszuführen und damit zugunsten der Betriebsicherheit der kleineren Feuerstellen eine etwas teuerere Ausführung der Regulierungsorgane der größeren Brenner in Kauf zu nehmen.

Ölleitungen. Die Weite der Ölleitungen soll möglichst nicht unter $^3/_8{''}$ betragen. Diese Abmessung genügt für bis zu 40 kg Öl stündlich. Diese natürlich nicht allgemein gültige Zahl ist zu erhöhen, wenn es sich um besonders schwerflüssige Brennstoffe mit mangelhafter Vorwärmung handelt. Es ist mit Rücksicht auf die kalte Jahreszeit vorteilhaft, Ölleitungen auf ihre ganze Länge dadurch zu beheizen, daß parallel zu ihnen Dampfleitungen verlegt werden und eine gemeinsame Isolierung um beide gelegt wird.

An Verbindungsstellen werden Rohrverschraubungen mit Metallkonus ohne sonstige Dichtungen verwendet. Als Dichtungsmittel für Muffen hat sich Seifenpulver, sowie eine Mischung von Bleioxyd und Glyzerin bewährt. Zu biegsamen Leitungen, die für transportable oder bewegliche Brenner gebraucht werden, wird bisweilen mit Draht umflochtener Gummischlauch verwendet. Derselbe wird jedoch durch das Heizöl, besonders Teeröl, stark angegriffen und schnell zerstört. Vorteilhafter ist die Verwendung von nahtlosem, biegsamem Messingrohr der Deutschen Waffen- und Munitionsfabriken in Karlsruhe.

Ölventile. Zur Regelung des Ölzuflusses werden bei kleineren Ölmengen unter 50 kg pro Stunde, welche die überwiegende Mehrzahl bilden, Nadelventile mit einem Erzeugungswinkel des Dichtungskegels von

20—45° verwendet. Als Material für die Ventilsitze empfiehlt sich Bronze, für die Nadel Stahl.

Wenn die Bemessung des Ölgefälles nach der oben erwähnten Formel $h = 0{,}05\,Q$ erfolgt, so ist die lichte Weite des Ölventils in mm nach folgender Formel zu bemessen:

$$d = \sqrt[4]{Q}$$

Um nicht zu kleine Öffnungen, welche aus den früher erwähnten Gründen leicht einem Verstopfen ausgesetzt wären, zu erhalten, empfiehlt es sich, bei kleinen Ölmengen auch kleine Ölgefälle zu verwenden. Bei sehr geringen Ölmengen (unter 3 kg pro Stunde) werden bisweilen, um eine Rückwirkung der Niveauschwankung des Behälters auf die Ausfluß-menge zu vermeiden, in der Ölleitung Schwimmer mit selbsttätiger Niveau-regulierung nach Abb. 65 angeordnet, und zwar so, daß der Spiegel des Schwimmertopfes auf dem Niveau der Ölausflußöffnung des Zerstäubers liegt. Der Regler besteht aus einem Ge-häuse, in welchem ein Schwimmer an-geordnet ist, dessen Nadel, wie bei einem Vergaser, bei erreichtem Niveau den Ölzufluß absperrt. Wird dann der in der Abbildung rechts oben sichtbare Anschluß mit dem unter Luftdruck stehenden Gehäuse des Zerstäubers verbunden, so wirkt der Druck, dessen Größe durch ein Nadel-ventil geregelt werden kann, auf den Flüssigkeitsspiegel, so daß, wenn vermittels des Nadelventils die Ölzufuhr zum Zerstäuber einmal einge-stellt ist, das Verhältnis Luft zu Öl bei jeder Veränderung des Wind-drucks konstant bleibt. Es genügt also in diesem Falle, zur Regulierung der Leistung des Brenners den Luftdruck zu verändern, während sich die Ölmenge selbsttätig der Luftmenge anpaßt.

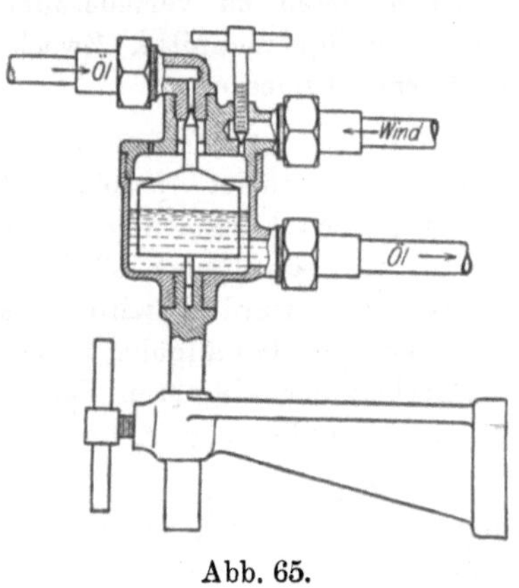

Abb. 65.

Bei solchen Feuerungsanlagen, welche eine genaue Einstellung er-fordern, die möglichst dauernd beibehalten werden soll, empfiehlt es sich, die Regelung von der Absperrung der Ölzufuhr zu trennen, d. h. für beide Zwecke gesonderte Organe zu verwenden. Es kann dann die ein-mal eingestellte Größe der Ölzufuhr, welche möglichst aus einer Skala zu ersehen sein soll, dauernd beibehalten werden. Die Außerbetriebsetzung erfolgt dann nicht durch des Regelventil, sondern durch das Absperrventil.

Abb. 66 und 67 zeigen ein Ölregelventil für Lokomotivölfeuerung Bauart Holden.

Ölpumpen. Für kleinere Anlagen werden von Hand betätigte sog. Allweiler Pumpen verwendet. Bei mit Preßluft oder Gebläsewind von mehr als 500 mm WS. arbeitenden Anlagen wird bisweilen der Winddruck dazu benutzt, das in einem geschlossenen Behälter unter der Feuerstelle befindliche Öl in den Zerstäuber zu drücken. Es kann daher auch verdichtete Kohlensäure in Flaschen in Verbindung mit einem Reduzierventil, wie es bei autogenen Schweißanlagen benuzt wird, zur Förderung des Öls benuzt werden. Bei größeren Anlagen, insbesondere solchen mit Druckzerstäubern, werden mit Dampf betriebene Plungerpumpen verwendet. Zentrifugalpumpen haben mit Rücksicht auf die vielfach im Öl enthaltenen Unreinlichkeiten und den Säuregehalt sich nicht einzuführen vermocht. Die Verwendung von mit Preßluft betriebenen Injektoren, welche mit Rücksicht auf die Vermeidung aller bewegten Teile ideal erscheint, ist wegen der hohen Betriebskosten undurchführbar. Die bei allen Ölpumpen auftretende Schwierigkeit, daß das Öl das in Lagern und sonstigen bewegten Maschinenteilen enthaltene Schmieröl auflöst, wird bei gewissen Anlagen dadurch vermieden, daß Pumpvorrichtungen verwandt werden, bei denen der Druck des Kolbens auf die Flüssigkeit durch den Druck komprimierter Luft ersetzt wird. Eine derartige Anlage hat das Kabelwerk der A.E.G. in Oberschöneweide für eine große Schmelzofenanlage ausgeführt. Die Anlage besteht aus einem Hauptbehälter, von welchem das Öl mit natürlichem Gefälle einem tiefer angeordneten, kleinen Zwischenbehälter zufließt. Durch eine elektrisch angetriebene Steuerung geregelt, wird dieser Behälter abwechselnd entlüftet und von einem Windkessel aus unter Druck gesetzt. Bei Entlüftung tritt durch ein Rückschlagventil Öl in den Behälter, worauf es bei Unterdrucksetzung derselben durch ein Steig-

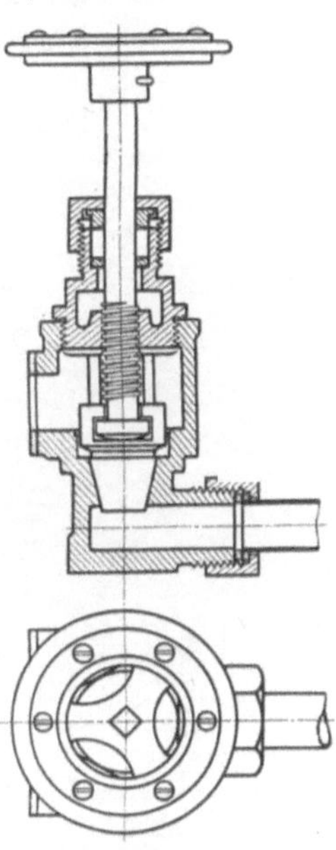

Abb. 66 u. 67.

rohr mit Druckventil zu einem Zwischenbehälter hochgedrückt wird, von dem aus es unter natürlichem Gefälle zu den Verbrauchsstellen läuft. Eine Überlaufleitung läßt das zuviel geförderte Öl in den Hauptbehälter zurückfließen.

Ölfilter. Von großer Wichtigkeit für dauernd störungsfreies Arbeiten einer Ölfeuerungsanlage ist die Anordnung von Filtern zur Zurückhaltung des in dem Öl enthaltenen Schmutzes und etwaiger Naphthalinkristalle. Man unterscheidet Grobfilter, Mittelfilter und Feinfilter. Die Grobfilter werden überall da angeordnet, wo das Öl aus Kesselwagen oder Fässern in die Hauptbehälter eingefüllt wird. Diese Grobfilter müssen in einfacher Weise herausnehmbar und zu reinigen sein.

Abb. 68—71 zeigen einen Filter Bauart Holden. Direkt an den auf dem Tender befindlichen Öltank angebaut, wird er bei den Österreichischen Staatsbahnen verwendet.

Die Mittelfilter werden in den Hauptleitungen oder in den Zweigleitungen angeordnet. Es ist von großer Wichtigkeit, daß dieselben möglichst während des Betriebes gereinigt werden können. In diesem Falle müssen sie paarweise angeordnet und durch entsprechende Ventile oder Hähne abwechselnd aus- und einzuschalten sein. Die Konstruktion

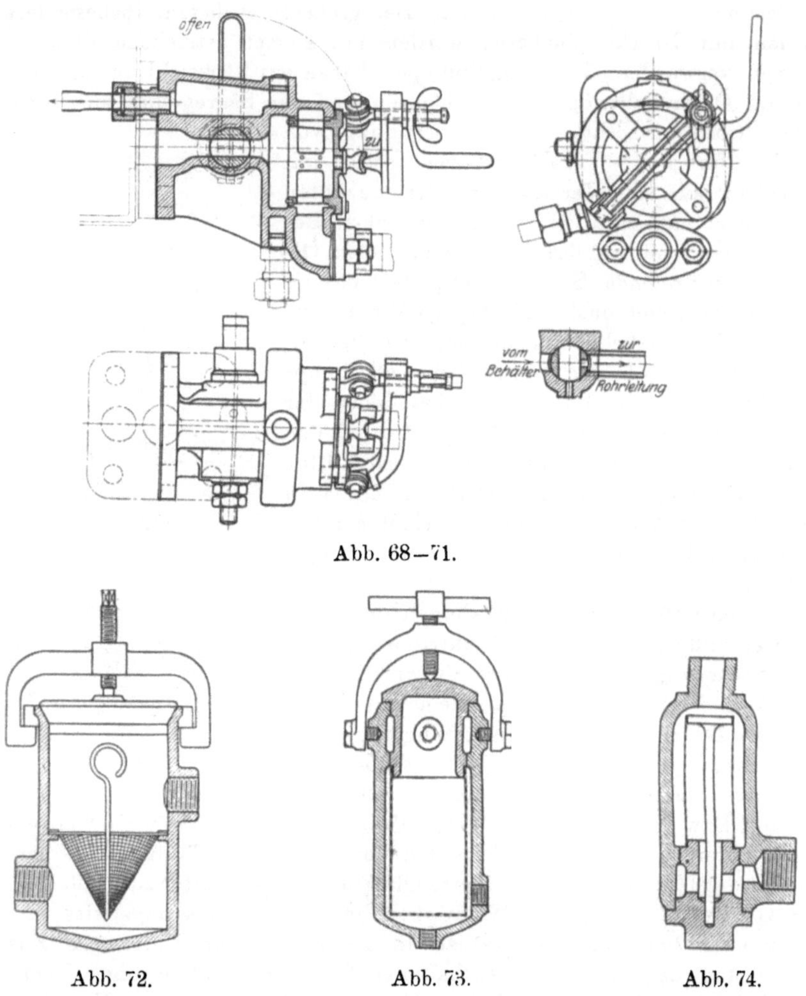

Abb. 68—71.

Abb. 72. Abb. 73. Abb. 74.

eines solchen Filters zeigt Abb. 72. Der Filter besteht aus einem Gehäuse, welches einen kegelförmigen Siebeinsatz enthält. Das Gehäuse ist durch einen eingeschliffenen Deckel mit konischem Sitz, welcher durch einen Bügel mit Druckschraube abgedichtet wird, verschlossen. Eine weitere Konstruktion eines Mittelfilters zeigt Abb. 73. Der Abschlußdeckel, welcher gleichzeitig an seinem unteren Ende das zylindrisch geformte Sieb trägt, ist durch einen Bügel, welcher nach Lösung einer Knebelschraube zur Seite geklappt werden kann, angepreßt. Das Öl tritt rechts unten ein, Unreinlichkeiten setzen sich also an der Außenseite des Filters ab, das gereinigte Öl tritt im oberen Teil des Gehäuses aus. Ein unterer durch einen Stopfen oder Hahn verschlossener Anschluß dient zum Ablassen des Schmutzes.

Feinfilter werden zweckmäßig vor jedem Brenner angeordnet. Ihre Maschenweite soll 70—100 pro Zoll betragen. Abb. 74 zeigt die Konstruktion eines derartigen Feinfilters. Das Gehäuse ist nach unten verschlossen durch einen Stopfen, welcher an seinem innersten Ende mit Gewinde versehen ist. In diesem Stopfen befindet sich ein Stift, welcher

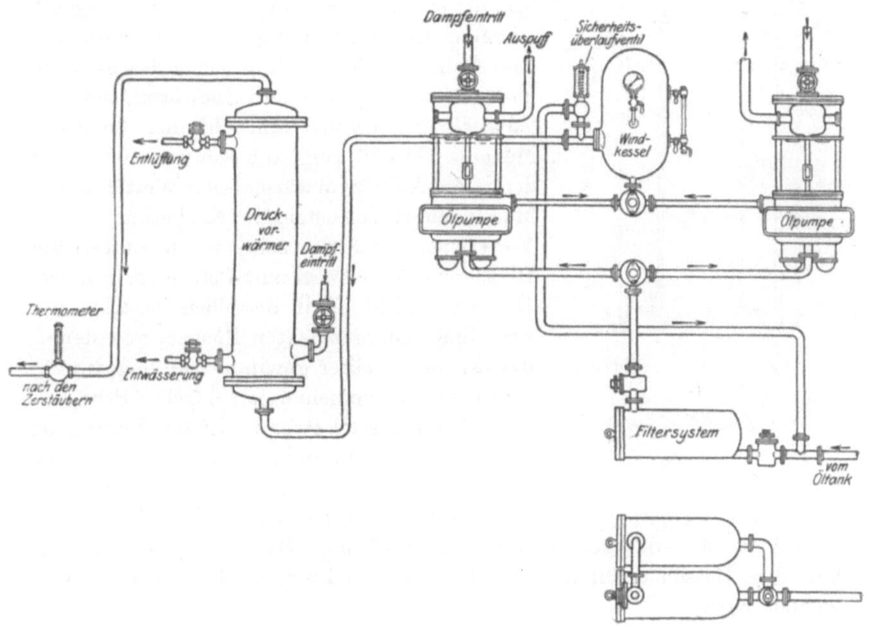

Abb. 75.

an seinem oberen Ende einen Teller trägt. Der Teller ist mit dem Stopfen durch ein aufgelötetes zylindrisches Sieb verbunden. Das Öl tritt von oben in den Filter ein, durchströmt das Sieb von außen nach innen und strömt durch eine in dem Stopfen angeordnete Bohrung nach einem zwischen Gehäuse und Stopfen befindlichen Ringraum, welcher mit der Abflußöffnung durch eine Bohrung in Verbindung steht. Der Stopfen ist an seinem unteren Ende mit einem Vierkant versehen; nach Herausschrauben des Stopfens nebst Sieb läuft der angesammelte Schmutz nach unten ab.

Die Anordnung einer Filter- und Pumpenanlage für Ölfeuerung System Körting an einem Schiffskessel zeigt Abb. 75.

Vermittels einer durch Dampf angetriebenen Plungerpumpe wird das Öl vom Tank durch einen Filter gesaugt und nach dem Windkessel gedrückt. Von dort strömt es durch einen mit Dampf geheizten Vorwärmer zu den Zerstäubern. Zuviel gefördertes Öl fließt durch ein Überlaufventil vom Windkessel nach der Saugleitung zurück. Zur Erhöhung der Betriebssicherheit sind Pumpen und Filter doppelt ausgeführt und können durch Dreiweghähne eingeschaltet bzw. zur Reinigung ausgeschaltet werden.

Ölvorwärmer. Bei Ölfeuerungsanlagen, bei denen es sich um die Notwendigkeit schneller Inbetriebsetzung handelt, wird vor dem Anheizen zweckmäßig nicht das gesamte im Behälter enthaltene Öl vorgewärmt, sondern lediglich die jeweils zum Brenner fließende Menge. Abb. 76 zeigt die Konstruktion eines derartigen Anheizvorwärmers der Westfälischen Maschinenbau-Industrie in Neubeckum. Der Vorwärmer enthält in seinem unteren Teil die Heizflamme und wird mit Petroleum beheizt. Der wesentliche Teil desselben besteht aus zwei ineinandergesteckten Rohren, von denen das innere mit einer gewindeartig eingeschnittenen Spirale versehen ist, durch welche das vorzuwärmende Öl strömt. Ist der Vorwärmer verschmutzt, so können die beiden Rohre auseinandergezogen und gesäubert werden.

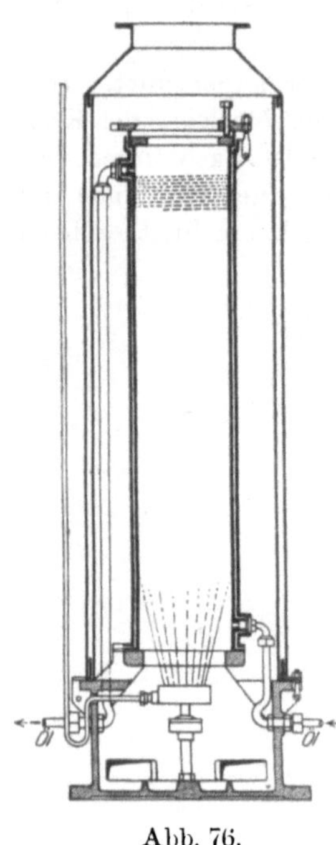

Abb. 76.

Einen Ölvorwärmer für große Leistung zeigt Abb. 77—79[1].

Abb. 80—82 zeigen einen Ölvorwärmer Bauart Holden, wie er bei der Lokomotivölfeuerung der Österreichischen Staatsbahnen verwendet wird.

Die Gebläse. Als Gebläse zur Lieferung der Zerstäubungs- und Verbrennungsluft finden je nach der Größe der zu erzeugenden Luftpressung und der Luftmenge Ventilatoren, Rootsblower, Kapselgebläse und Kompressoren Verwendung. Ventilatoren werden im allgemeinen nur für Pressungen bis 700 mm WS. benutzt und dann meist mit direktem elektrischem Antrieb bei einer Drehzahl von 2900—3000 pro Minute ausgeführt. Bei kleineren Luftmengen und bei größeren Pressungen werden auch Kapselgebläse und Rootsblower verwendet. Der Nachteil dieser Gebläse ist, daß sie bei konstanter Tourenzahl eine konstante Luftmenge ergeben und die nicht benötigte Luftmenge durch einen Ab-

---

[1] **Schweitzer,** Rohölfeuerung in mexikanischen Hüttenwerken. St. u. E. 1916.

lufthahn entweichen muß. Der Kraftverbrauch ist daher gegenüber Ventilatoren verhältnismäßig größer. Kompressoren finden im allgemeinen

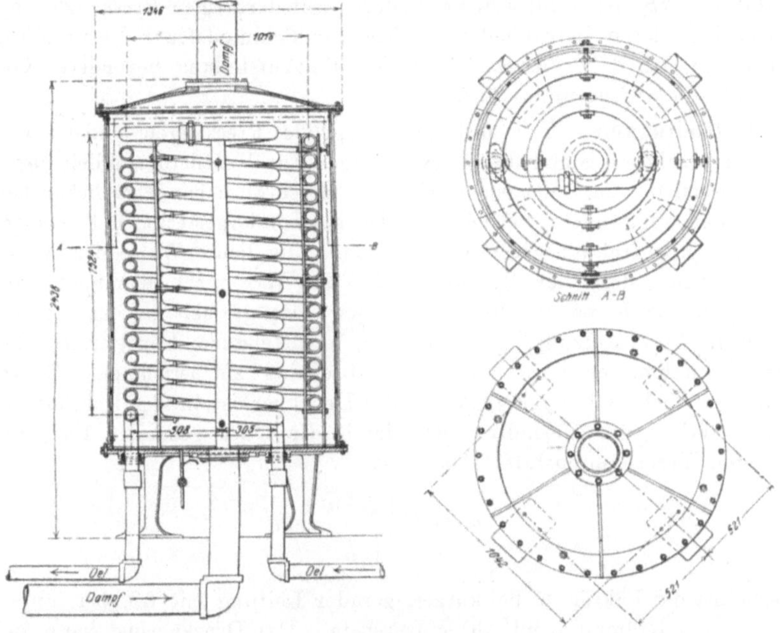

Abb. 77—79.

nur bei Anlagen größten Umfangs Verwendung. Bei der Bemessung der Größe der Gebläse ist ein Verbrauch von mindestens 15 cbm Luft pro kg Öl zugrunde zu legen.

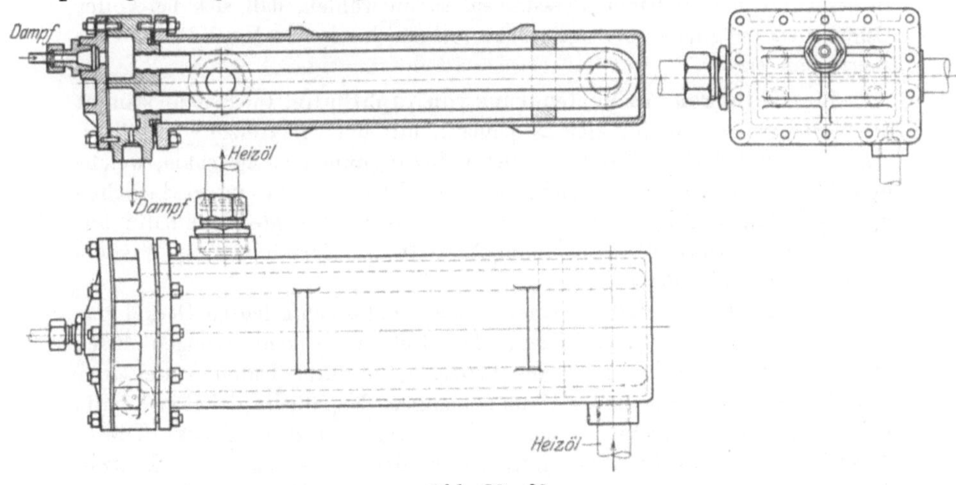

Abb. 80—82.

Essich, Ölfeuerungstechnik. 2. Aufl. 4

Besonders vorteilhaft ist bei mittleren und kleinen Anlagen die Verwendung solcher Zerstäuberbrenner, welche mit einer Pressung von $\leq$ 100 mm WS. arbeiten, weil Ventilatoren mit derartigen Pressungen fast in jedem größeren industriellen Betriebe für Schmiedefeuer Verwendung finden und sich daher in solchen Fällen die Aufstellung besonderer Gebläse für die Ölfeuerung erübrigt.

Luftleitungen. Für mittlere und große Pressungen finden Gasrohre und nahtlose Stahlrohre Verwendung. Für Ventilatorwindleitungen werden gefalzte oder autogen geschweißte Blechrohre handelsüblicher Beschaffenheit verwendet, welche entweder ineinandergesteckt und verlötet oder stumpf aneinandergeschweißt werden. Die lichte Weite der Windleitung kann, sofern der Winddruck 200 mm WS. nicht übersteigt, einfach gleich dem doppelten Durchmesser der Düse gewählt werden. Unter derselben Voraussetzung gestattet die nachstehende Faustformel den lichten Durchmesser d in mm einer Luftleitung zu berechnen. Es sei Q die stündliche Ölmenge in kg, p der Druckverlust in der Rohrleitung in mm WS, a das Verhältnis der durch die Düse gehenden Luft zur gesamten Verbrennungsluft. Dann ist

$$d = K \sqrt[]{\frac{Q \cdot a}{p}} \ \text{mm}.$$

Hierbei ist der Faktor K bei kurzer, gerader Leitung mit 60, bei langer Leitung mit Krümmern mit 80 einzusetzen. Der Druckverlust kann bei Ventilatoren mit 15—30%, bei Rootsblowern mit 20—60% der Pressung im Zerstäuber gewählt werden.

Zur Regelung der Luftmenge werden sowohl Hähne wie auch Drosselklappen und Ventile verwandt. Die Konstruktion derselben ist, insbesondere bei niedrigen Pressungen, so zu wählen, daß sich bei voller Öffnung ein möglichst geringer Druckverlust durch das Regel- bzw. Absperrorgan ergibt.

Einrichtungen zur Verfeuerung von Naphthalin. Im Prinzip stimmt die Verfeuerung von flüssigem Naphthalin mit der von Heizöl völlig überein; es sind jedoch einige zusätzlichen Bedingungen zu beachten, welche gewisse Einrichtungen notwendig machen. Diese dienen im wesentlichen dazu, das Naphthalin zu verflüssigen und das verflüssigte Naphthalin auf seinem Wege vom Tank bis zum Austritt im Zerstäuber am Wiedererstarren zu verhindern.

Das Naphthalin wird in einem mit einem lose aufgelegten Deckel verschlossenen Behälter geschmolzen. Die Beheizung kann erfolgen durch offenes Feuer, durch Abgase aus Feuerungen, durch Dampfmantel oder endlich durch eine eingebaute Dampfschlange. Naphthalin dehnt sich beim Übergang aus dem festen in den flüssigen Aggregatzustand aus. Dieser Ausdehnung muß Rechnung getragen werden, sonst kann ein Platzen des Behälters eintreten. Bei von außen beheiztem Behälter schmilzt das

Naphthalin am Rand zuerst, der feste Klumpen kann sich also ausdehnen. Auch bei Beheizung durch eine Dampfschlange am Boden besteht keine Gefahr, wenn diese nach oben herausgeführt wird und dadurch dem unten schmelzenden Naphthalin eine Ausdehnung längs des Heizrohrs nach oben ermöglicht. Bei Beheizung durch eine Feuerung ist Sorge zu tragen, daß aus dem Behälter aufsteigende Dämpfe oder überfließendes Naphthalin nicht in die Feuerung gelangen können.

Am vorteilhaftesten ist eine Heizung durch eine Wärmequelle, welche unter allen Umständen jederzeit zur Verfügung steht.

Zum Zurückhalten etwaiger Verunreinigungen ist auch bei Naphthalinfeuerungen am Auslauf aus dem Behälter ein reichlich bemessener Filter mit auswechselbarem Einsatz anzubringen.

Die Rohrleitung muß vom Tank bis zum Zerstäuber beheizt werden und ist daher möglichst kurz zu machen. Die Beheizung erfolgt am besten durch parallele Verlegung einer Heizdampfleitung und Umwickelung derselben mit einer gemeinsamen Isolation. Die Beheizung muß sich auch auf eventuell in die Rohrleitung geschaltete Absperrorgane oder sonstige Apparate erstrecken.

Die Leitung soll nach dem Zerstäuber zu überall Gefälle haben, damit man bei Außerbetriebsetzung das Naphthalin aus den Rohrleitungen auslaufen lassen kann.

Im Zerstäuber selbst hält sich im Betriebe das Naphthalin von selbst flüssig infolge der Rückstrahlung der Flamme.

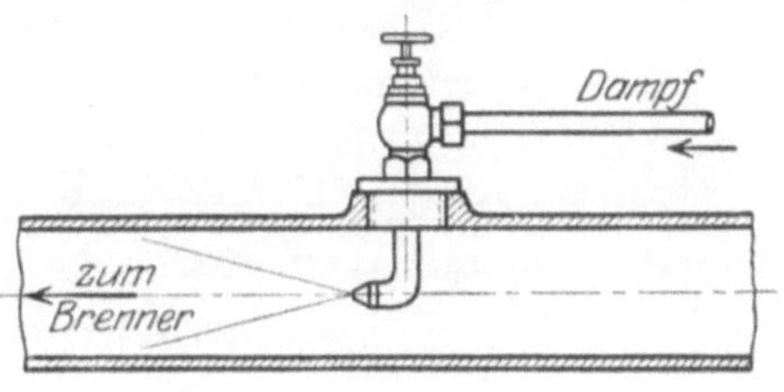

Abb. 83.

Beim Anheizen jedoch muß für eine genügende Erwärmung des Brenners Sorge getragen werden. Dies kann z. B. durch eine Lötlampe erfolgen, oder aber durch Beimischung von überhitztem Dampf nur Luft. Die Mischvorrichtung wird zweckmäßig so eingerichtet, daß die Geschwindigkeit des ausströmenden Dampfes zum Ansaugen von Luft nutzbar gemacht wird (s. Abb. 83). Bei reiner Dampfzerstäubung ist eine besondere Beheizung des Zerstäubers natürlich überflüssig, ebenso, wenn man zum Anheizen Heizöl benutzt und erst später auf Naphthalin umschaltet.

IV. Die Anwendungsgebiete der Ölfeuerung.

1. Dampfkesselfeuerungen.

Schiffskessel. Während die Verwendung der Ölfeuerung bei ortsfesten Kesseln in Ländern, in welchen der Preis für die Wärmeeinheit im Öl wesentlich höher ist als in der Kohle, im allgemeinen nennenswerte Vorteile nicht gewährt und daher nur in Sonderfällen ausgeführt wird, bietet bei Schiffskesseln die Ölfeuerung trotz des hohen Ölpreises unter Umständen so große Vorteile, daß sie der Kohlenfeuerung vorzuziehen ist. Ein solcher Vorteil ist insbesondere die wesentlich höhere Leistung (es wurden mit Ölfeuerungen Verdampfungsziffern bis zu 120 kg pro qm Heizfläche erzielt). Ein weiterer Vorteil ist der infolge des höheren Heizwertes des Öls erhöhte Aktionsradius, die erheblich geringere Bedienung sowie die Möglichkeit, den Kessel wesentlich längere Zeit ohne Reinigung im Betriebe zu halten als bei Kohlenfeuerung.

Von ganz besonderer Wichtigkeit sind diese Vorteile bei der Beheizung von Kriegsschiffkesseln, weshalb sich die Ölfeuerung in den Kriegsmarinen fast aller Länder schnell eingeführt hat. Speziell bei Kriegsschiffkesseln, welche mit Ventilatorluft arbeiten, tritt bei Kohlenfeuerung schnell ein Verrußen der Querschnitte und damit eine Verringerung der Kesselleistung ein, welche nur bis zu einem gewissen Grade durch Erhöhung des Ventilationsdrucks ausgeglichen werden kann. Mit dieser Erhöhung des Ventilationsdrucks ist aber

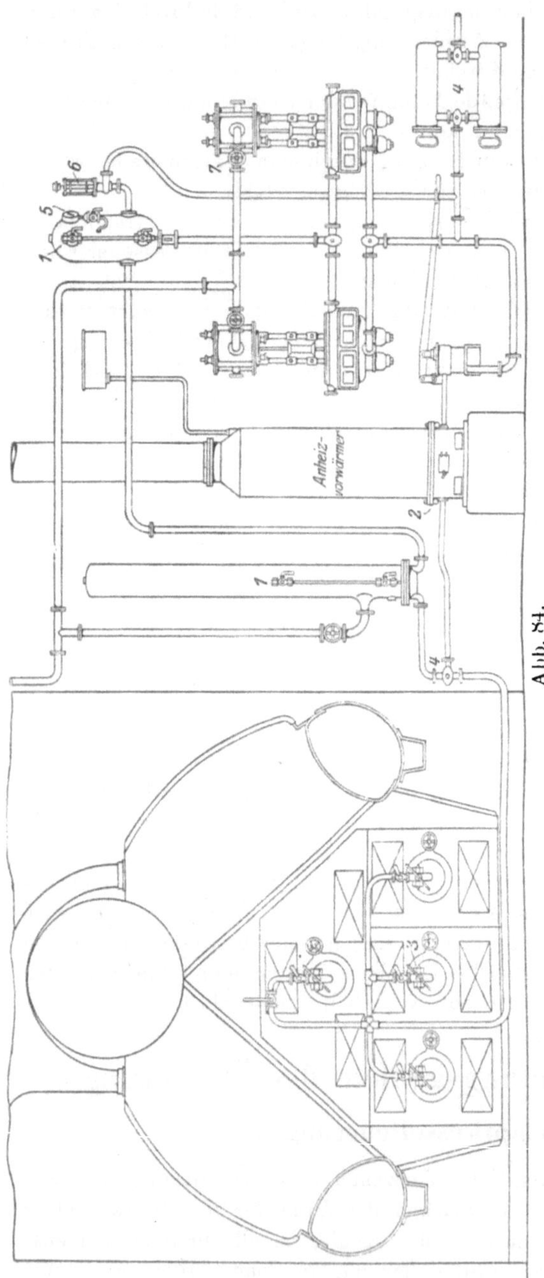

auch eine verstärkte Ablagerung von Flugasche verbunden, welche dann in kurzer Zeit dahin führt, daß der Kessel stillgesetzt, die Feuerung abgestellt und die Rauchkanäle von Flugasche gereinigt werden müssen. Diese für Kriegsschiffe unter Umständen sehr unangenehme Notwendigkeit fällt bei der Ölfeuerung weg, da es bei dieser möglich ist, dauernd mit rußfreier Verbrennung zu arbeiten.

Bei den großen zu zerstäubenden Ölmengen werden heute fast ausschließlich Druckzerstäuber verwandt. Bei der deutschen Kriegsmarine ist der Körtingsche Druckzerstäuber sehr verbreitet. Abb. 75 zeigt die Anordnung einer Körtingschen Ölfeuerungsanlage · für Schiffskessel, Abb. 84 eine Anlage der Westfälischen Maschinenbau-Industrie. In der Mitte dieser Anlage ist der Anheizvorwärmer (siehe auch Abb. 76) sichtbar, welcher beim Anheizen des ersten Kessels, wenn kein Dampf zur Ölvorwärmung zur Verfügung steht, in Betrieb genommen wird. Rechts unten sind zwei Filter angeordnet, von denen jeweils einer vermittels zweier Dreiwegehähne eingeschaltet ist, während der andere ausgeschaltet und gereinigt werden kann. Auch die Ölpumpen, welche als mit Dampf betriebene Kolbenpumpen ausgeführt sind, sind in doppelter Ausführung vorhanden. Links sind vier zur Beheizung des Kessels angeordnete

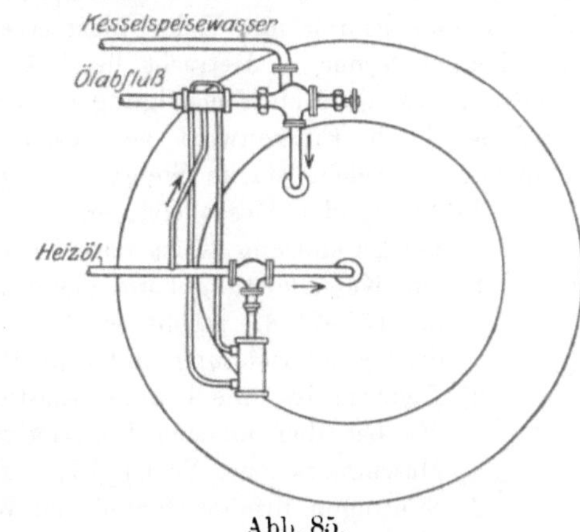

Abb. 85.

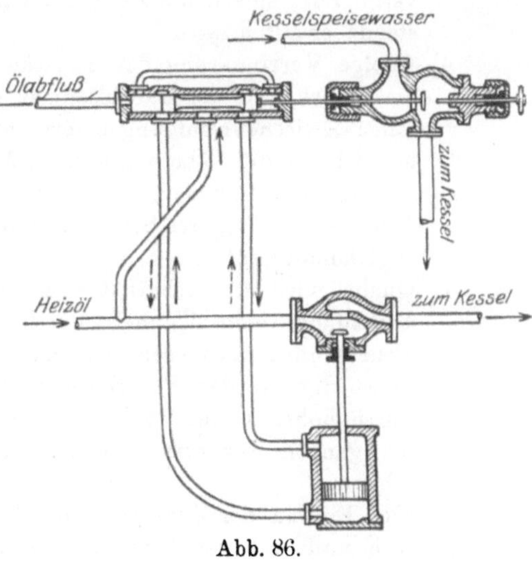

Abb. 86.

Zerstäuber sichtbar. Eine Sicherheitsvorrichtung für Dampfkesselölfeuerungen der Allg. Elektr. Gesellschaft zeigen Abb. 85 und 86. Sie besteht in einer zwangläufigen Kupplung zwischen Heizölzufuhr und Kesselspeisung. Bleibt das Kesselspeisewasser aus, so wird die Ölzufuhr selbsttätig abgestellt.

Lokomotivfeuerungen. Die Verwendung von Heizöl zur Befeuerung von Lokomotiven hat sich hauptsächlich in Amerika, Rußland, Österreich, Rumänien, Indien und Japan eingeführt. In Deutschland hat Sußmann eingehende Versuche mit Zusatzölfeuerung zur Kohlenfeuerung an Schnellzug- und Güterzuglokomotiven gemacht. Der Hauptvorteil der reinen Ölfeuerung ist die Möglichkeit größter Kesselleistungen, wie sie bei Handbeschickung mit Kohle nicht erreicht werden können. Ölfeuerung kommt ferner in Betracht bei Lokomotiven, welche in Gegenden verkehren, wo die Rauchbelästigung der Umgebung oder die Gefährdung derselben durch Funkenwurf vermieden werden muß; außerdem bei Lokomotiven, welche starke Steigungen zu überwinden haben, zur zeitweisen Erhöhung der Kesselleistung.

Die Zusatzölfeuerung weist nach Sußmann[1]) folgende Vorteile auf:

1) Die Kesselleistung kann durch Teeröl-Zusatzfeuerung dauernd um 15—20 % erhöht werden, und zwar bis an die Grenze der Zylinderleistung und ohne Mehrbeanspruchung des Heizers.

2) Dadurch ist eine höhere Belastung der Lokomotiven zulässig, die bei den meisten Lokomotivtypen bis an die Grenze der Maschinen- bzw. Schleppleistung gesteigert werden kann.

3) Störungen infolge Dampf- und Wassermangel, infolge schlechter Kohle, Verschlacken der Roste, Verlegung der Rohre werden verhindert, sofern die Zusatzfeuerung in gut arbeitendem Zustande erhalten wird.

4) Infolge Verringerung der Schlackenbildung und des Verlegens der Rohre und der Rauchkammer durch Zinder und Flugasche fallen Zwischenreinigungen fort; es sind kürzere Wendezeiten möglich, somit höhere kilometrische Leistungen, bessere Ausnutzung der Lokomotiven (besonders Güterzuglokomotiven) und Durchfahren längerer Strecken ohne Lokomotivwechsel (Schnellzuglokomotiven).

5) Qualm wird eingeschränkt und kann auf Bahnhöfen und bei Durchfahrt von Tunnels durch geeignete Behandlung des Feuers ganz vermieden werden.

6) Beschädigung der Feuerkiste und der Feuerlochumgrenzung durch hohes Feuer werden vermieden, eine größere Schonung der ganzen Feuerkiste ist zu erwarten, der Rost bleibt gut erhalten.

7) Der Einbau der Zusatzfeuerung läßt sich im allgemeinen einfach und mit verhältnismäßig niedrigen Kosten durchführen.

8) Die gesamten Feuerungsmaterialkosten stellen sich im Durchschnitt nicht bzw. nicht wesentlich höher als bei reiner Kohlenfeuerung, ausgenommen für die unmittelbare Nachbarschaft der Kohlenreviere.

---

[1]) S. Literaturverzeichnis.

Eine reine Ölfeuerung für Lokomotiven, wie sie von Dragu für die rumänischen Staatsbahnen ausgeführt wurde, zeigt Abb. 87. Die Bauart der Feuerkiste ist dieselbe wie bei Kohlenfeuerung, sie enthält aber in ihrem unteren Teil eine feuerfeste Ausfütterung. In diese feuerfeste Ausfütterung schlägt die Flamme, welcher die Luft von rechts und links unten zugeführt wird. Durch die feuerfeste Ausfütterung wird die Flamme gezwungen umzukehren, um über die Ausfütterung hinweg zu den Siederohren zu gelangen. Durch diese Anordnung wird erreicht,

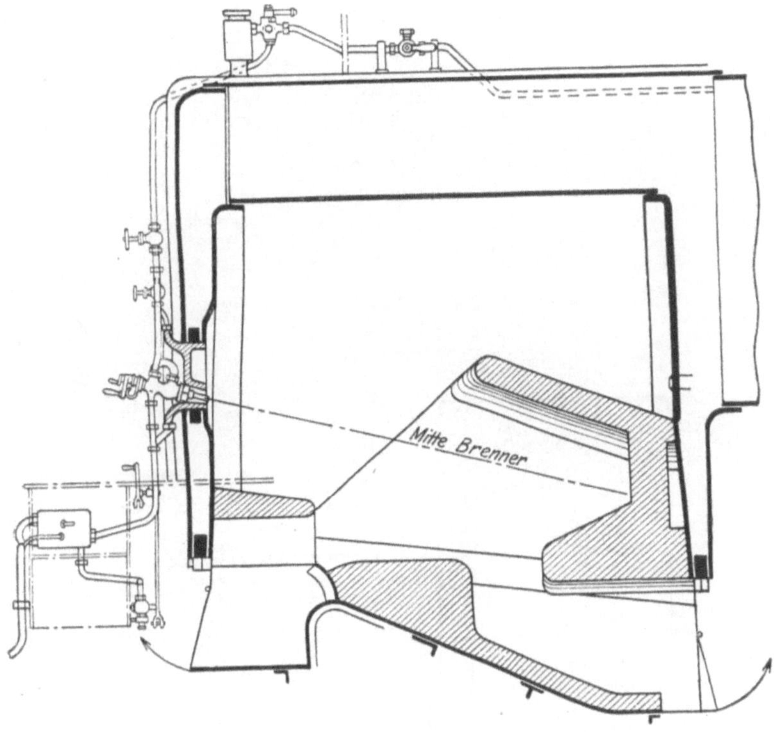

Abb. 87.

daß einerseits im unteren Teil der Feuerbuchse glühende Massen von hoher Temperatur vorhanden sind, welche eine vollkommene Verbrennung des Öls gewährleisten, nach Betriebspausen ein Wiederentzünden der Flamme ermöglichen und nach Abstellen der Feuerung eine zu scharfe Abkühlung der Rohreinwalzstellen verhindern, andererseits daß die Siederohrenden vor einem Verbrennen durch Stichflammen geschützt werden. Abb. 88 zeigt die Ölfeuerung Bauart Holden, welche bei den österreichischen Staatsbahnen eingeführt ist. (Vgl. auch die Abb. 31, 32, 66—71, 80—82 [1]).)

Durch das Dampfeinlaßventil A tritt trockener Dampf zu dem Dampfverteiler C. Dieses besitzt einen Anschlußstutzen a, durch welchen bei kaltem Kessel Dampf von einer fremden Dampfquelle zugeführt

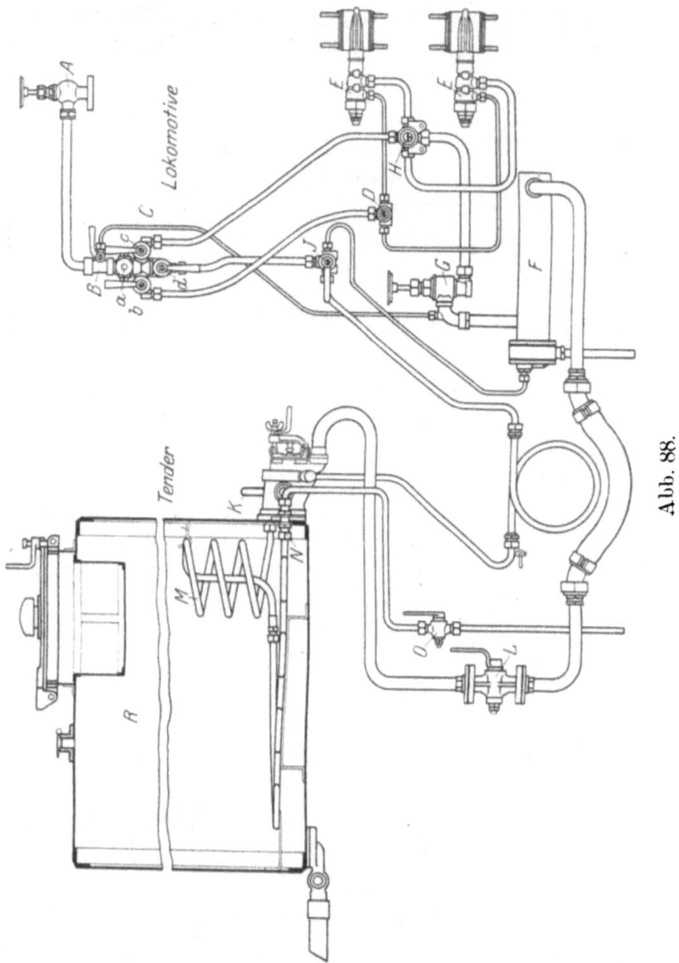

wird; und drei Hähne bzw. Ventile, von denen b den Zerstäuberdampf, c den Dampf zum Ausblasen der Düsen und d den Dampf zum Vorwärmen des Öls regelt. Bei B befindet sich noch eine seitliche Dampfabzweigung, welche zum Ausblasen der Ölleitung dient. Der Dreiweg-

---

[1] Technische Mitteilungen der k. k. Österreichischen Staatsbahnen Gruppe 6, Reihe 2, Nr. 1.

hahn D ermöglicht nach Belieben den Dampf zu dem einen, dem andern oder beiden Bläsern anzustellen. Der Vierweghahn H dient dazu, alternativ den Zerstäubern Öl zuzuführen oder Dampf zum Ausblasen. G ist das Regelventil für Öl, F der Ölvorwärmer, E die beiden Zerstäuber Bauart Holden, welche seitlich der Feuertür in besonderen Durchbrechungen angeordnet sind. Wird nur ein Zerstäuber vorgesehen, so wird derselbe, wie die Abb. 88 rechts oben zeigt, im unteren Teil der Feuertür eingebaut.

Der Heizdampf strömt vom Hahn d zum Dreiweghahn J und von dort einerseits zum Vorwärmer F, andererseits zur Vorwärmleitung M des Tanks auf dem Tender.

Die Feuerbuchse erhält bei der Ölfeuerung Bauart Holden außer dem normalen Feuerschirm eine Ausmauerung der Rohrwand von der Oberfläche des Rostes bis zum Feuergewölbe.

Abb. 89 und 90 zeigen die Anordnung einer Zusatzfeuerung für eine Schnellzugslokomotive nach Sußmann[1]). Hierbei sind zwei Zerstäuberdüsen angeordnet, deren flache Flammen sich unmittelbar über der glühenden Kohlenschicht entwickeln. Auch hier ist zum Schutz der Rohrwand eine Feuerbrücke vorgesehen, welche jedoch an ihrem unteren Ende durchbrochen ist und einem Teil der Flamme den Durchtritt zur Rohrwand gestattet.

Aus den vorstehend aufgeführten Abbildungen ausgeführter Lokomotiven mit reiner Ölfeuerung ist zu ersehen, daß die Feuerbuchse in derselben Form

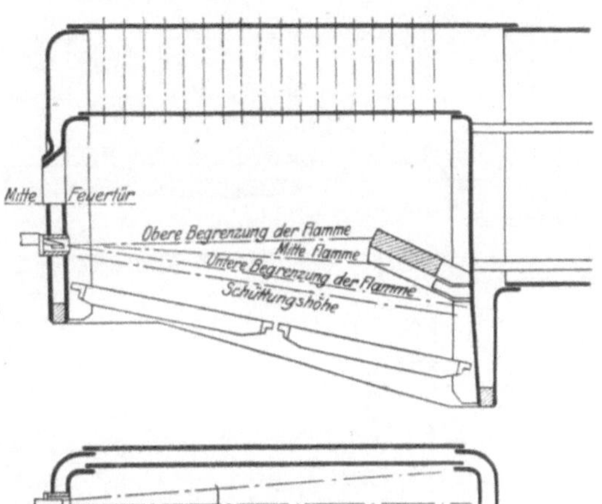

Abb. 89 u. 90.

beibehalten wurde, wie sie auch für Kohlenfeuerung sich als zweckmäßig herausgestellt hat. Es liegt nun nahe, der veränderten Feuerungsart die Form der Feuerbuchse anzupassen. Die Verwendung eines Flammrohrs mit anschließenden Rauchrohren gestaltet sich konstruktiv wesentlich einfacher, hat aber immerhin gewisse Nachteile. Der erste Nachteil ist, daß sich bei gleichem Rauminhalt eine größere Länge der Feuerbuchse ergibt.

---

[1]) **Sußmann**, Ölfeuerungen für Lokomotiven.

Ein zweiter Nachteil ist der, daß die Flamme eher die Möglichkeit hat, unmittelbar mit der Rohrwand in Berührung zu kommen und diese zu beschädigen, während dies bei der Feuerbuchse nach Art der mit Kohle gefeuerten Lokomotiven leicht zu vermeiden ist, indem hier eine Stichflamme nur im unteren Teil auftreten kann.

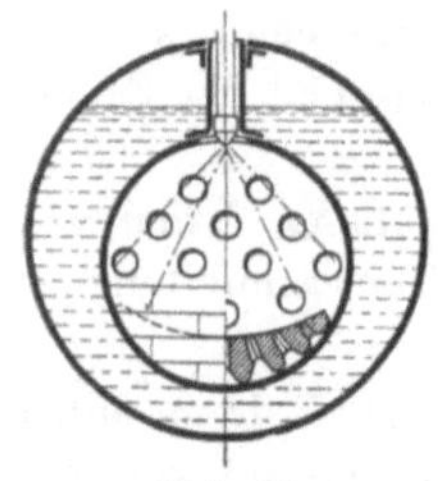

Abb. 91.

Eine konstruktive Lösung, welche die erwähnten Schwierigkeiten auch bei Verwendung einer runden Feuerbuchse zu vermeiden gestattet, zeigt Abb. 91. Die Zerstäuberdüse ist im oberen Teil des Kessels angeordnet. Die Luft tritt durch eine größere Anzahl von in der Kesselstirnwand befindlichen Öffnungen in die Feuerbuchse ein, durch diese Unterteilung wird eine gute und schnelle Durchmischung des Ölnebels und der Luft erzielt. Zur Förderung der vollkommenen Verbrennung, sowie zum Wiederentzünden der Flamme nach Betriebspausen dient eine am Boden der Feuerbuchse befindliche Ausfütterung mit feuerfesten

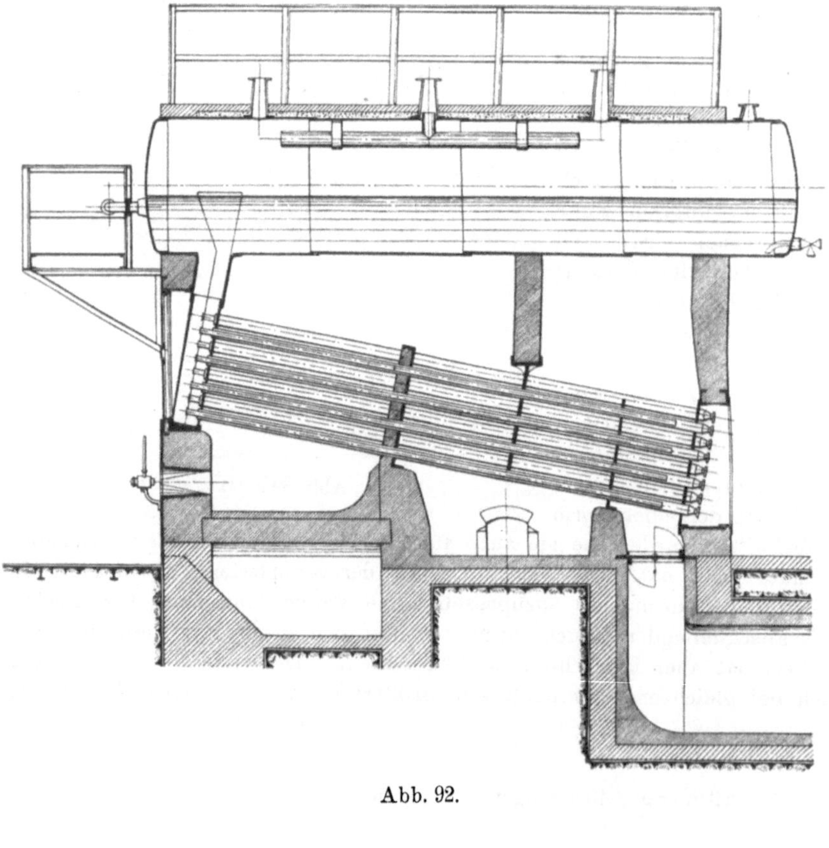

Abb. 92.

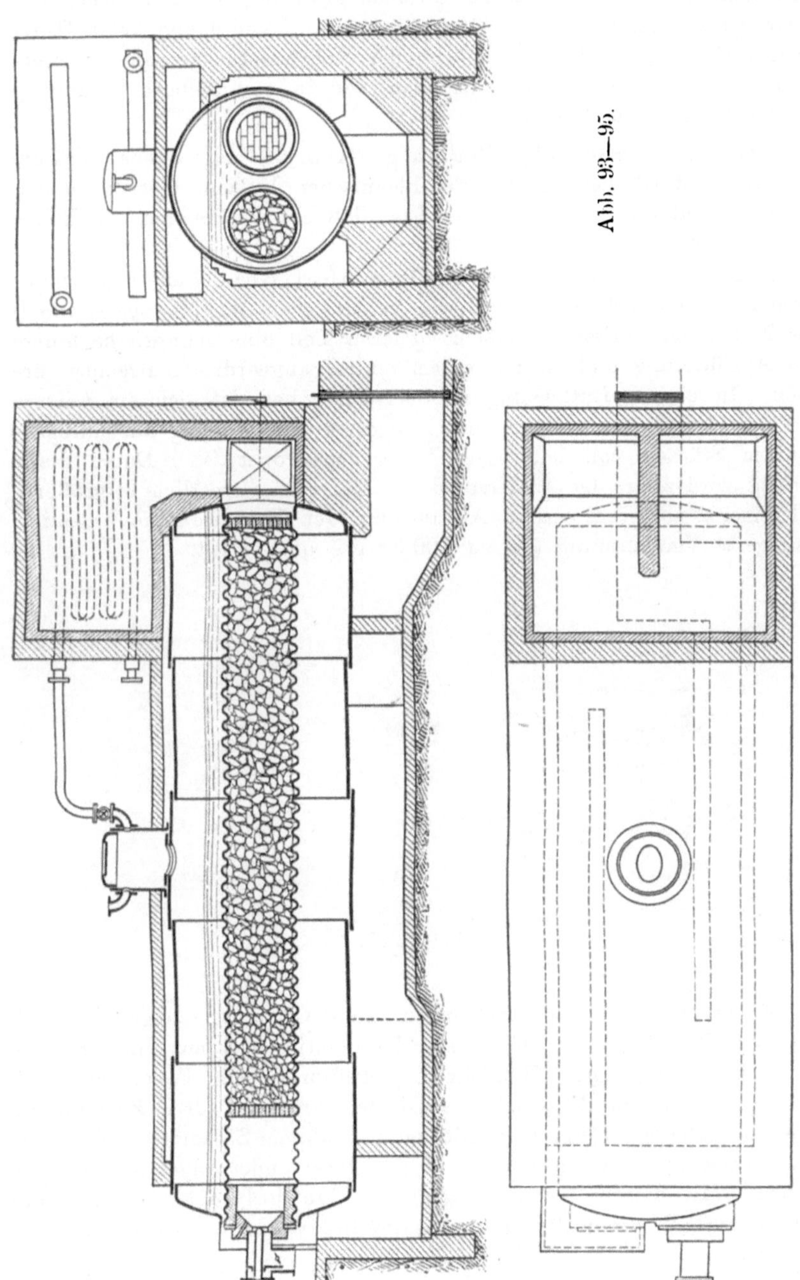

Abb. 93—95.

Formsteinen, deren Form es der Flamme gestattet, bis zum Boden der Feuerbuchse vorzudringen, so daß durch diese Anordnung keine Heizfläche verlorengeht. Durch eine vor der Rohrwand angeordnete Feuerbrücke wird verhindert, daß die Rohrwand in unmittelbare Berührung mit der Stichflamme kommt.

Ortsfeste Kessel mit Ölfeuerung. Abb. 92 zeigt einen Wasserrohrkessel mit Ölfeuerung der Fa. Rheinischer Vulkan, Oberdollendorf. Die Flammenführung ist so vorgesehen, daß ein Verbrennen der Rohre vermieden wird.

Abb. 93—95 zeigen einen mit Schnabel-Bone-Feuerung ausgerüsteten Flammrohrkessel der Berlin-Anhaltischen Maschinenbau-A.-G.[1] Das Flammrohr besitzt in seinem vorderen Teil eine zylindrische feuerfeste Ausfütterung und ist mit einem zentral angeordneten Brenner versehen. In einiger Entfernung von der Düse befindet sich ein Gitterwerk aus feuerfesten Steinen, hinter welchem eine Füllung aus unregelmäßigen Stücken von feuerfester Masse angeordnet ist. Durch diese Füllung wird zwar der Widerstand der Heizgase wesentlich vergrößert, andererseits aber bei guter Ausnutzung der Heizgase eine erheblich gesteigerte Verdampfung (bis zu 100 kg pro qm) erzielt.

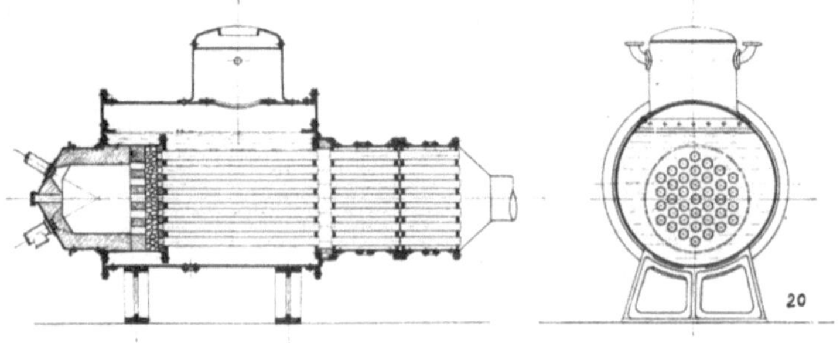

Abb. 96 u. 97.

Einen Versuchskessel derselben Firma mit Ölfeuerung zeigen Abb. 96 und 97. Der Kessel ist als kleiner Lokomotivkessel mit einer Feuerbuchse und dreizölligen Heizrohren ausgeführt. Die Feuerbuchse ist mit hochfeuerfestem Material ausgekleidet und mit drei Zerstäubern versehen. Die Heizrohre sind mit unregelmäßigen Schamottestücken gefüllt, ebenso die Heizrohre der beiden hintereinander angeordneten Vorwärmer. Mit diesem Kessel wurden von Dobbelstein mehrere Versuche angestellt, deren Resultate nachstehend wiedergegeben sind:

---

[1] Mitteilungen der Berlin-Anhaltischen Maschinenbau-A.-G. April 1914.

		5.1.1914	7.1.1914	9.1.1914
	Datum des Versuchs			
	Dauer des Versuchs . . . . St.	8	7	8
Öl	Verbrauch insgesamt . . . . kg	846	821	928
	Verbrauch stündlich . . . . kg	105,75	117,3	116
	Heizwert . . . . WE./kg	8742	8775	8866
Wasser	Speisetemperatur . . . . ° C	10	9,6	9,4
	Temp. hinter dem Vorwärmer I . ° C	39,4	38,4	37,1
	Temp. hinter dem Vorwärmer II . ° C	93,3	94,3	82,6
	Dampfdruck . . . . kg/cm²	11,3	11,3	11,3
	Verdampfung insgesamt. . . . . . kg	10260	9815	11380
	Verdampfung stündlich . . . . . kg	1282,5	1402	1422,5
	desgl. bez. auf Normaldampf von 637 WE. . . . . kg/St.	1317	1440,7	1462
	desgl. desgl. für jeden qm . . kg/St.	109,7	120	121,8
Ver-dampfungs-verhältnis	effektiv	12,12	11,96	12,27
	bez. auf Normaldampf	12,45	12,28	12,60
Abgase	Temp. hinter dem Kessel . . . . . ° C	380	375	371
	Temp. hinter den Vorwärmern . . ° C	196	145	175
	CO_2-Gehalt . . . . v. H.	14,3	15,3	16
	O-Gehalt . . . . v. H.	4	2,7	1,8
	CO-Gehalt . . . . v. H.	—	0,9	0,7
Wind	vor den Düsen . . . . mm/WS.	865	794	768
	in der Vergaserkammer . . mm/WS.	340	367	349
	vor den Vorwärmern . . . . mm/WS.	248	151	123
	Mittlerer Luftbedarf	1,23	1,15	1,09
	Kraftverbrauch . . . . KW.	9,56	8,41	7,77
	desgl. KW./St. für jede Tonne Normald.	7,26	5,84	5,3
	Thermischer Wirkungsgrad	90,6	89,2	90,5

Beim zweiten Versuch wurden die Schamottestücke im zweiten Vorwärmer durch regelmäßig geformte Schamottesteine nach Abb. 98 und 99 ersetzt, beim dritten Versuch wurden auch die Rohre des ersten Vorwärmers sowie diejenigen des Kessels bis auf die vordersten 200 mm mit diesen Formsteinen versehen. Die Formsteine selbst bestehen abwechselnd aus Ringwulsten von kreisförmigem Querschnitt und Platten mit Rippen, welche die Distanz

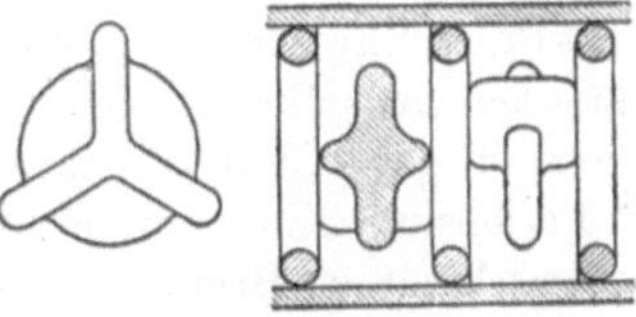

Abb. 98 u. 99.

sowohl der einzelnen Stücke voneinander, wie auch die Lage der Platten in der Rohrmitte gewährleisten. Durch diese abwechselnde Anordnung von Ringen und Platten werden die heißen Gase gezwungen, immer wieder gegen die Rohrwandungen zu prallen. Durch diese von **Essich** angegebene Rohrfüllung wurde, wie die Versuche ergaben, trotz wesentlich geringeren Luftwiderstandes, eine höhere Verdampfung bei gleichem Wirkungsgrad erzielt.

Eine andere Ausführungsart eines ölgefeuerten Kessels derselben Firma zeigen Abb. 100 und 101. Hierbei ist ein einziges Flammrohr von großem Durchmesser angeordnet. Innerhalb desselben befindet sich ein Schamotterohr; der Zwischenraum zwischen diesem und dem Flammrohr, sowie das hintere Ende des Schamotterohres sind mit Stücken aus

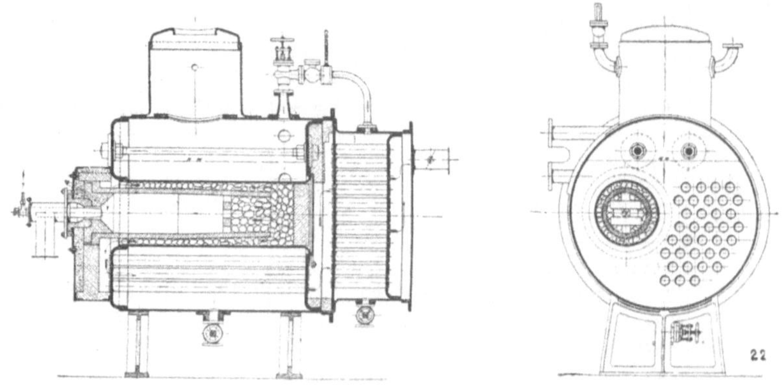

Abb. 100 u. 101.

feuerfester Masse ausgefüllt. Am vorderen Ende des Schamotterohres ist ein Brenner angeordnet. Die im vorderen Teil des Schamotterohres entwickelte Flamme wird gezwungen, durch die feuerfeste Masse hindurch und um das Rohr herumzuwandern, wobei sie den größten Teil ihrer Hitze abgibt. Hierdurch kommen die Einwalzstellen der Siederohre, durch welche nunmehr die heißen Gase nach dem hinteren Teil des Kanals geführt werden, mit einer Stichflamme nicht mehr in Berührung, so daß ein dauerndes Dichthalten des Kessels gewährleistet wird.

2. Industrieofenfeuerungen.

Allgemeine Einbaugrundsätze. Die beiden wichtigsten bei der praktischen Ausführung von Ölfeuerungsanlagen zu beachtenden Grundsätze sind gute Wärmeausnutzung und richtige Temperaturverteilung. Die Forderung einer guten Wärmeausnutzung bedingt in erster Linie eine zweckmäßige Brennerkonstruktion, außerdem ergibt sich hieraus die Forderung, die zu beheizenden Körper möglichst nicht indirekt, d. h. durch die Abgase, zu beheizen, sondern der Einwirkung der Flamme selbst auszusetzen. Diese Forderung kann nicht in allen Fällen erfüllt werden, vor allem weil die Flammentemperatur zwischen 1600° und

1800° C liegt, während die zu beheizenden Teile in den meisten Fällen wesentlich niedrigere Temperaturen verlangen. Es ergeben sich hieraus zwei Möglichkeiten. Entweder läßt man die Flamme in einem von dem eigentlichen Heizraum getrennten Verbrennungskanal von genügender Ausdehnung brennen, der durch eine größere Anzahl von Öffnungen mit dem Heizraum verbunden ist, so daß die Beheizung nicht durch die Flamme selbst, sondern durch die Abgase erfolgt, wobei die Temperaturverteilung im Heizraum durch die Lage und den Querschnitt der Verbindungskanäle geregelt werden kann. Eine derartige Anordnung, welche sich in manchen Fällen nicht vermeiden läßt, ist jedoch mit erheblichen Wärmeverlusten verbunden. In vielen Fällen ist es aber möglich, die Flamme im Heizraum selbst anzuordnen. Allerdings muß sie, wenn die Temperatur der zu beheizenden Gegenstände wesentlich niedriger sein soll als die Flammentemperatur, so angeordnet sein, daß diese Gegenstände nur durch die Strahlung der Flamme und die verbrannten Gase beheizt werden. Auch hier ist natürlich darauf zu achten, daß die Anordnung der Flamme und die Führung der Heizgase die gewünschte Temperaturverteilung gewährleistet.

Weiter ergibt sich aus der Forderung einer guten Wärmeausnutzung die Notwendigkeit eines kleinen Luftüberschusses, welcher in erster Linie durch die Wahl des Brenners erreicht wird. Eine weitere Forderung ist die, daß die Verbrennung beendet sein muß, wenn die heißen Gase in den Abzug treten. Es ist daher im allgemeinen nicht zweckmäßig, den Abzug gegenüber dem Brenner anzuordnen, da bei der großen Geschwindigkeit, mit der die Flamme eines mit Gebläseluft betriebenen Brenners den Ofenraum durcheilt, ein Hineinschlagen der Flamme in den Abzug begünstigt. Um dies zu verhindern, ist es zweckmäßig, entweder genügend lange Flammenwege vorzusehen oder den Abzug neben, über oder unter dem Brenner anzuordnen, so daß die Flamme zur Umkehr gezwungen wird.

Eine gleichmäßige Temperaturverteilung bei mit verschiedener Heizraum- und Flammentemperatur arbeitenden Öfen, bei denen die Flamme im Heizraum selbst anzuordnen ist, kann z. B. dadurch erreicht werden, daß die zu beheizenden Gegenstände sich auf dem Herd des Ofens befinden, während die Flamme unmittelbar unter dem Gewölbe in der Längsrichtung desselben brennt. Bei nicht zu geringer Höhe des Ofens wird die Wärmestrahlung auf alle Teile des Herdes ziemlich gleichmäßig sein. Es gilt dann lediglich auch die Verteilung der heißen Gase so zu regeln, daß die Temperatur möglichst gleichmäßig ausfällt. Dies kann z. B. dadurch erfolgen, daß die Abgase durch vier in den Ecken befindliche Öffnungen in einen unter dem Herd befindlichen Sammelkanal treten. Durch von außen zugängliche Abdecksteine können diese Öffnungen so eingestellt werden, daß die Temperaturverteilung die gewünschte Gleichmäßigkeit aufweist. Die einmal gewählte Einstellung wird dann im allgemeinen beibehalten werden können. Die Anordnung der Flamme im oberen Teil und des Abzugs im unteren Teil des Ofens hat gleichzeitig den Vorteil, daß die Strömung der heißen Gase, welche durch die Gebläseluft vom Brenner aus ununterbrochen zwangläufig erneuert werden, entgegengesetzt ihrem Auftrieb erfolgt, so daß die heißen Gase gezwungen werden, den ganzen Ofenraum auszufüllen, und im Ofen ein Überdruck entsteht, welcher das Eindringen falscher Luft verhindert. Gleichzeitig wird dadurch ein Schornstein überflüssig.

Bei großer Ausdehnung des zu beheizenden Raumes, insbesondere bei großer Längsausdehnung, ist es unter Umständen notwendig, zur Erzielung einer gleichmäßigen Temperatur mehrere Brenner anzuwenden. Bei runden Öfen werden zur Erzielung einer gleichmäßigen Temperatur häufig ein oder mehrere Brenner in tangentialer Richtung angewandt, so daß im Ofen eine kreisende Flamme entsteht.

Endlich ergibt sich aus der Forderung einer guten Wärmeausnutzung die Notwendigkeit, möglichst auch die Abgase auszunutzen, indem sie in einem Rekuperator oder Regenerator zur Vorwärmung der Verbrennungsluft benutzt werden. Bei den Tropffeuerungen ist, wie dies früher ausgeführt wurde, die Luftvorwärmung unbedingt notwendig. Sie soll in diesem Falle nicht unter 600°, möglichst 1000° C betragen. Die Verwendung hoch vorgewärmter Luft in Zerstäuberbrennern ist im allgemeinen nicht möglich, da dies zur Verkokung des Öls in den ölführenden Kanälen des Brenners führen würde. In diesem Falle muß ein Zerstäuber verwandt werden, welcher mit einem möglichst kleinen, mäßig vorgewärmten Teil der Verbrennungsluft das Heizöl zerstäubt, während die Hauptmenge der Verbrennungsluft als hocherhitzte Zusatz- oder Sekundärluft zugeführt wird. Aus der Notwendigkeit, nur einen kleinen Teil der Verbrennungsluft zur Zerstäubung zu benutzen, ergibt sich, daß eine verhältnismäßig hohe Luftpressung angewandt werden muß. Im Betriebe wird zwar der Zerstäuber durch die Zerstäubungsluft gekühlt, bei Stillstand jedoch würde er durch die hoch vorgewärmte Verbrennungsluft, in deren Zuführungskanal zum Ofen er eingebaut sein muß, zerstört. Solche Brenner·müssen daher entweder ausschwenkbar eingerichtet oder mit Wasserkühlung versehen werden.

Muffelöfen werden im allgemeinen in solchen Fällen verwandt, wo es sich um Glühen und Härten von Qualitätsmaterial handelt, welches mit den Flammengasen nicht in Berührung kommen soll. Für derartige Öfen ist es meist von Wichtigkeit, die Temperatur genau regeln zu können. Die Ölfeuerung vermag diese Forderung in einfachster Weise vollkommen zu erfüllen. Ein weiterer Vorteil der Ölfeuerung bei Beheizung von Muffelöfen besteht darin, daß die Ölflamme über der Muffel angeordnet werden kann, während dies bei Kohlenfeuerung nicht möglich ist. Mit Kohle beheizte Muffelöfen besitzen im allgemeinen einen unter dem Herd liegenden und von dem Innenraum der Muffel durch eine dicke Mauerschicht getrennten Verbrennungsraum, der mit den seitlich und über der Muffel befindlichen Heizräumen nur durch enge Kanäle in Verbindung steht. Es wird daher im unteren Teil des Ofens ein Hitzezentrum geschaffen, welches nur durch eine dicke Mauerschicht hindurch wirken kann, während die auf die eigentliche dünne Muffel wirkenden Heizgase wesentlich kälter als die Flamme sind. Infolgedessen

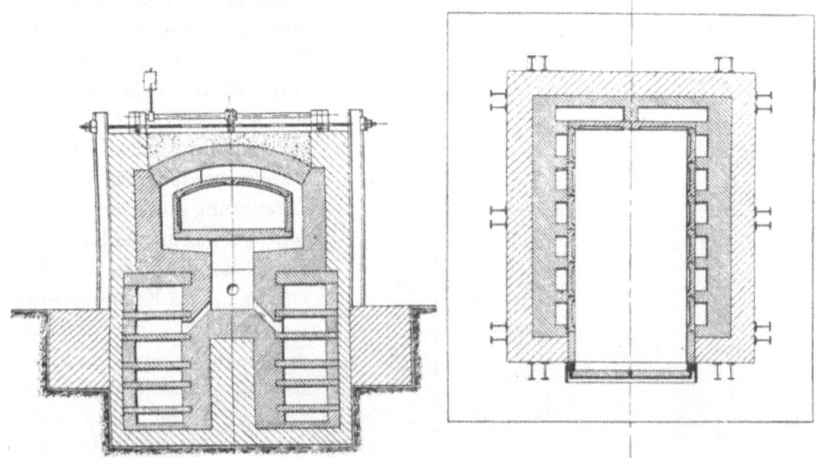

Abb. 102 u. 103.

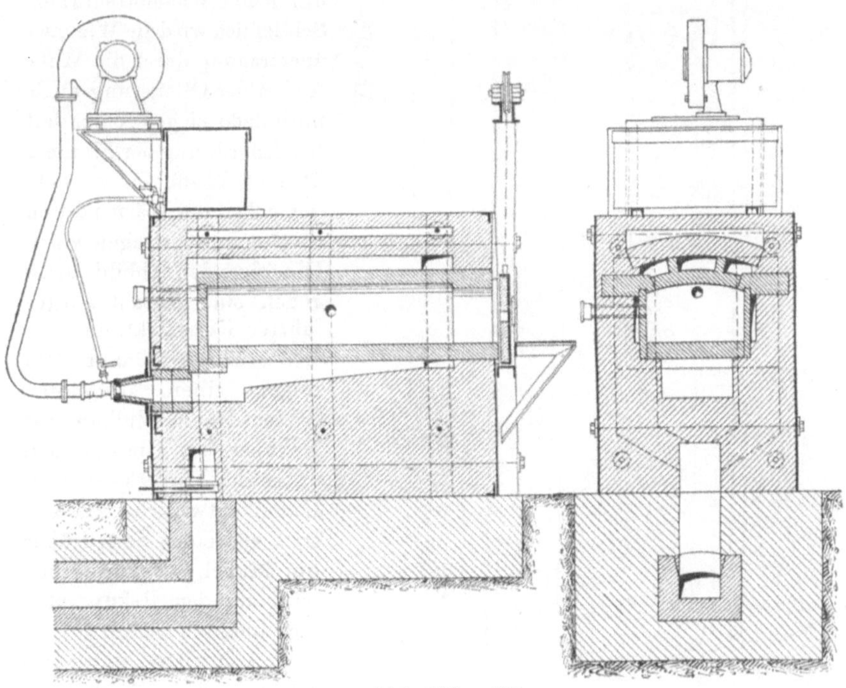

Abb. 104 u. 105.

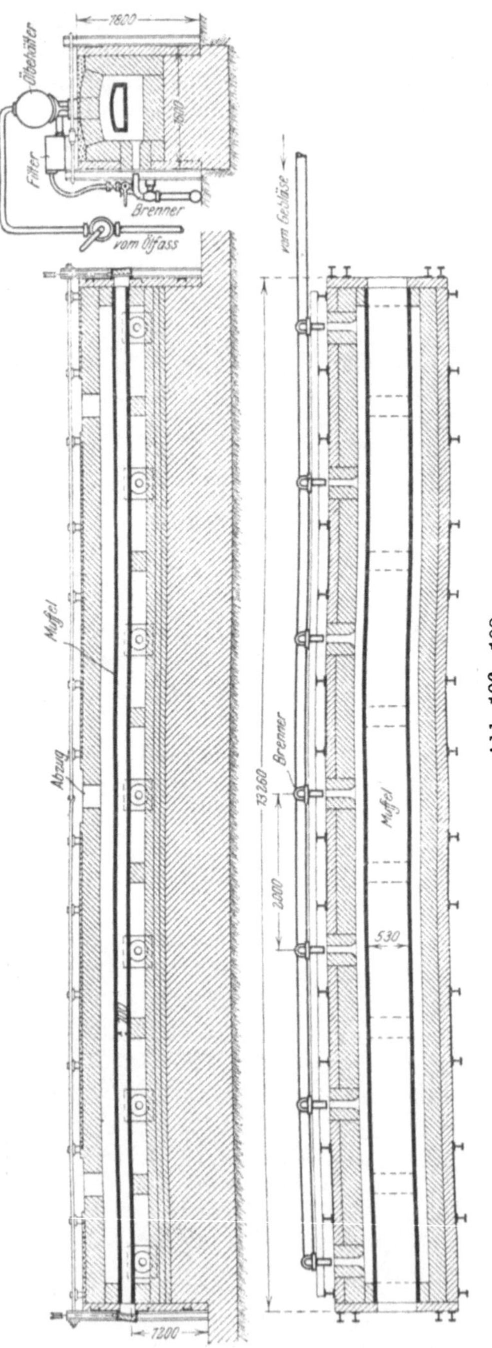

ist die Ausnutzung der Wärme in einem mit Kohle gefeuerten Muffelofen erheblich ungünstiger. Ein weiterer Vorteil der Ölfeuerung gegenüber der Kohlenfeuerung besteht darin, daß in solchen Fällen, in denen bei Kohlenfeuerung Schamottemuffeln verwandt werden müssen, bei Ölfeuerung gußeiserne Muffeln verwandt werden können, da die Abgase der Ölflamme das Eisen wesentlich weniger angreifen als diejenigen der Kohlenflamme. Die Wärmeübertragung durch eine gußeiserne Muffel ist aber bedeutend günstiger als durch eine Schamottemuffel. Schließlich wird die Wärmeübertragung durch die Muffel bei der Ölfeuerung auch noch dadurch gefördert, daß bei Anordnung der Flamme über der Muffel ein wesentlicher Teil der Wärme durch Strahlung übertragen wird. Die folgenden Abbildungen geben eine Anzahl ausgeführter Konstruktionen.

Abb. 102 und 103 zeigen einen Muffelofen System Rhein. Vulkan mit Rekuperator. Die in einem unter der Muffel gelegenen Kanal entwickelte Flamme tritt zu beiden Seiten über die Muffel. Sekundärluft wird aus dem Rekuperator von unten zugeführt.

Abb. 104 und 105 zeigen einen Muffelofen

von **Huber** und **Autenrieth.** Unter der Herdplatte ist der Verbrennungskanal **angeordnet,** an dessen einem Ende die Düse sitzt. Durch
die Heizkanalführung wird die Flamme gezwungen, die Muffel allseitig
zu umspülen und mehrfach umzukehren, wodurch eine gute Ausnutzung
der Heizgase erzielt wird. Eine auf dem Boden des Verbrennungskanals
befindliche Stufe dient dazu, die anprallende Flamme nach oben abzu-
lenken, um zu verhindern, daß dieselbe infolge ihrer großen Geschwindigkeit **am** größten Teil der Herdplattenunterseite unausgenutzt vorbeistreicht.

Eine Konstruktion eines Durchlaufofens zum Glühen von Draht
und Band zeigen Abb. 106—108[1]). Der über 13 m lange Ofen besitzt

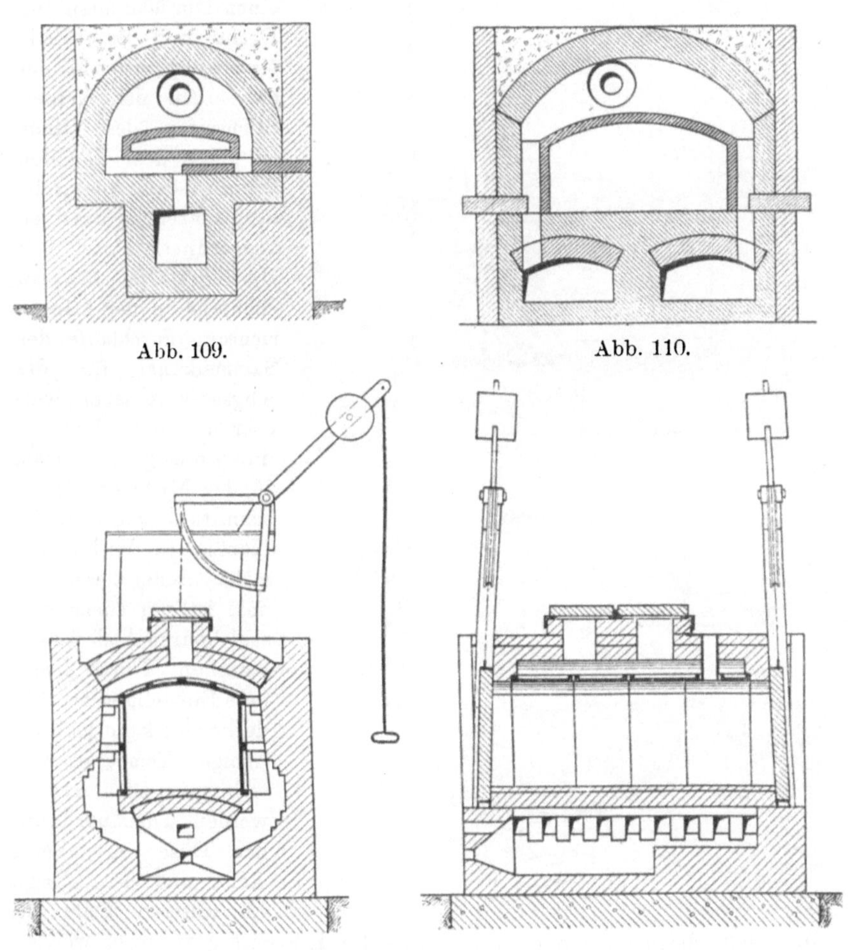

Abb. 109.   Abb. 110.

Abb. 111 u. 112.

---

[1]) **Hausenfelder,** Teerölverwertung für Heiz- und Kraftzwecke, St. u. E.,
1912, Nr. 19.

eine gußeiserne Muffel, welche durch sieben unter derselben angeordnete, in der Querrichtung blasende Brenner beheizt wird. Ungünstig erscheint bei dieser Anordnung die große Anzahl der zu regulierenden Düsen. Erfahrungsgemäß kann man auch bei sehr langen Öfen mit zwei in der Längsrichtung über der Muffel blasenden Brennern auskommen, wie dies Abb. 109 im Querschnitt zeigt. Auch diese Abbildung stellt einen Durchlaufofen für Draht und Band mit einer gußeisernen Muffel dar. An den beiden Stirnseiten des Ofens ist unter dem Gewölbe je ein in der Längsrichtung blasender Brenner angeordnet. Unter dem Herd des Ofens ist ein ebenfalls in der Längsrichtung durchlaufender Sammelkanal für die Abgase vorgesehen, welcher mit dem Ofenraum durch eine große Anzahl in der Mitte des Querschnitts angeordneter Kanäle in Verbindung steht. Jeder dieser Kanäle ist mit einem verschiebbaren Abdeckstein versehen. Durch geeignete Einstellung der Abdecksteine kann jede beliebige Temperaturverteilung im Ofen erreicht werden. Die Anordnung der Düse im oberen Teile und des Abzugs im unteren Teile des

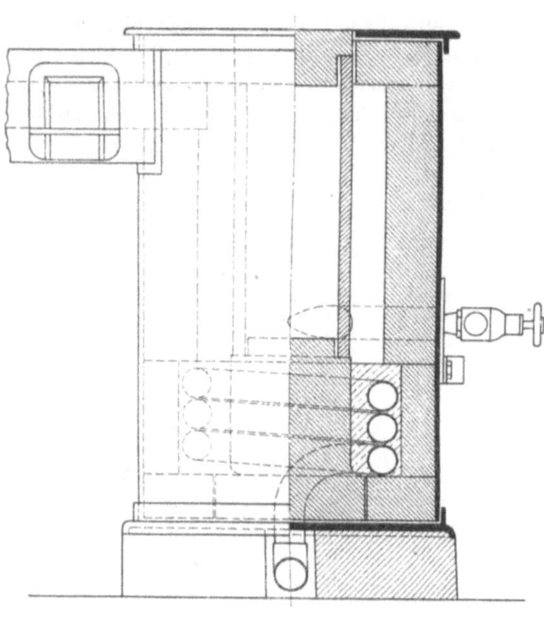

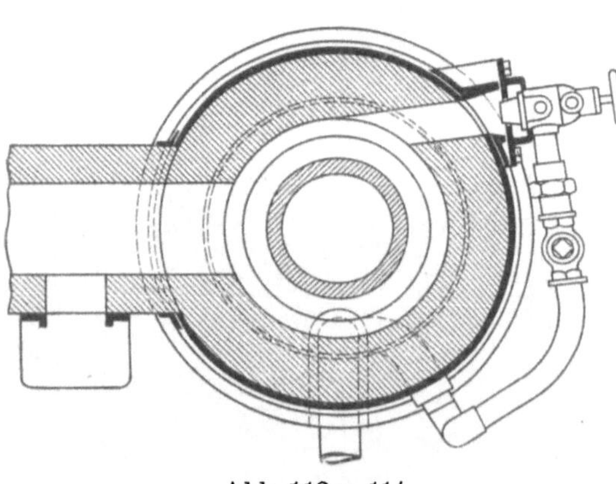

Abb. 113 u. 114.

Ofens hat gleichzeitig den Vorteil, daß die Heizgase gezwungen werden, den ganzen Ofenraum auszufüllen.

Nach demselben Prinzip ist der in Abb. 110 im Querschnitt dargestellte Muffelofen beheizt. Auch hier ist an jeder Stirnseite des Ofens unter dem Gewölbe ein Brenner angeordnet. Die beiden Brenner sind jedoch aus der Mitte gegeneinander versetzt. Die Abgase sammeln sich in zwei unter dem Herd liegenden Kanälen. Auch hier kann die Wärmeverteilung durch Schieber in diesen Kanälen geregelt werden.

Abb. 111 und 112 zeigen einen Emaillierofen mit Ölfeuerung für Temperaturen bis 1200° C von Pierburg. Der Ofen besitzt eine Muffel, welche beiderseits durch Arbeitstüren verschlossen ist. Unter der Muffel ist ein Verbrennungskanal mit einer die Flamme verteilenden Stufe angeordnet, während sich zwei Abzüge im oberen Teile des Ofens befinden. Der Nutzraum des Ofens ist 2000 · 1000 · 800 mm.

Abb. 113 und 114 zeigen einen stehenden Härteofen mit zylindrischer Muffel von de Fries. Der Brenner ist tangential und offen angeordnet und saugt sich injektorartig Zusatzverbrennungsluft an. Die Abgase entweichen im oberen Teile des Ofens, im Sockel befindet sich in Schamotte eingebettet eine Vorwärmschlange für die Zerstäubungsluft.

Glüh- und Härteöfen ohne Muffel. Ein besonderer Vorteil der Ölfeuerung bei Glühöfen ist die Möglichkeit, die Heizgase nach Bedarf oxydierend, neutral oder reduzierend einzustellen, ferner die völlige Schwefelfreiheit der Heizgase bei Wahl des geeigneten Heizöls, insbesondere bei Teeröl. Aus diesem Grunde kann bei Ölfeuerung vielfach ein offener Glühofen verwandt werden, wo Kohlenfeuerung einen Muffelofen bedingt. Hierdurch kann nicht nur eine schnellere Erwärmung des Heizguts, sondern auch trotz höheren Preises der Wärmeeinheit im Öl ein wesentlich geringerer Gestehungspreis pro Tonne verarbeitetes Material erreicht werden.

Abb. 115—117 zeigen die Konstruktion eines Glühofens von Custodis. Der Ofen ist mit zwei ausschwenkbaren Custodis-Brennern ausgestattet, durch welche ein kleiner Teil der Verbrennungsluft geführt wird. Der größere Teil der Verbrennungsluft wird durch einen Rekuperator im unteren Teile des Ofens vorgewärmt und den Düsenkanälen am ganzen Umfang als Zusatzluft zugeführt. Durch die eigenartige Ausbildung dieser Zuführung wird eine injektorartige Saugwirkung des Verbrennungsluftstrahls auf die vorgewärmte Zusatzluft erreicht. Die Vorwärmung der Verbrennungsluft im Rekuperator unter dem Herd gewährleistet eine gute Brennstoffausnutzung.

Abb. 118—120 zeigen die Konstruktion eines Wellenglühofens mit fahrbarem Herd von Pierburg. Der Herd hat einen U förmigen Querschnitt und ist mittels Laufrädern auf Schienen gelagert. Neben dem Herd befindet sich der Düsenkanal, welchen die Flamme in der Längsrichtung des Ofens durchstreicht. Die heißen Gase werden gezwungen, über den U förmigen Herd hinweg auf der dem Düsenkanal gegenüberliegenden Seite nach abwärts zu strömen, worauf sie durch quer durch den Herd angeordnete Kanäle in den Abzug treten. Der Ofen hat einen Nutzraum von 7000 mm Länge, 1500 mm Breite und 600 mm Höhe.

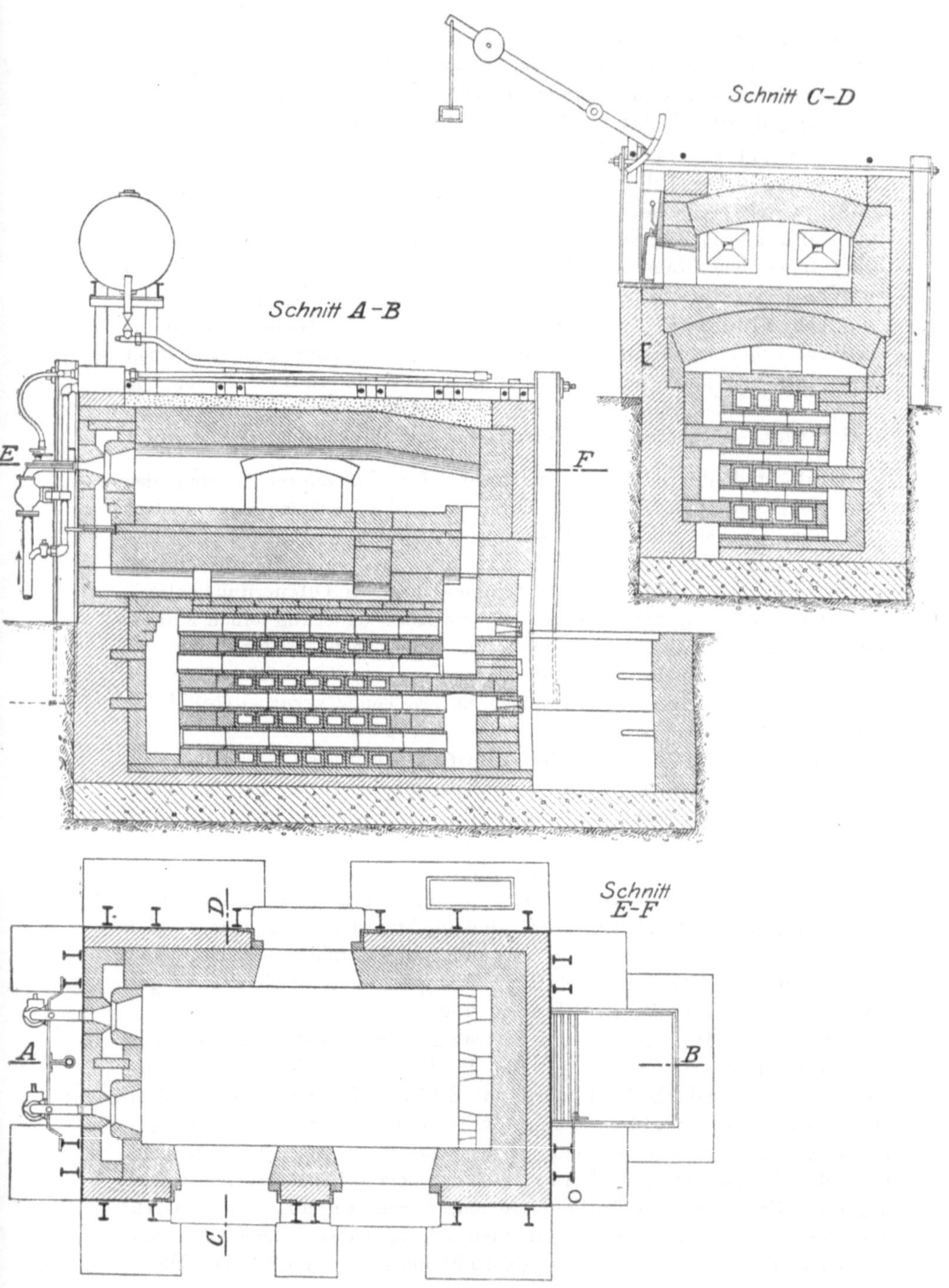

Abb. 115—117.

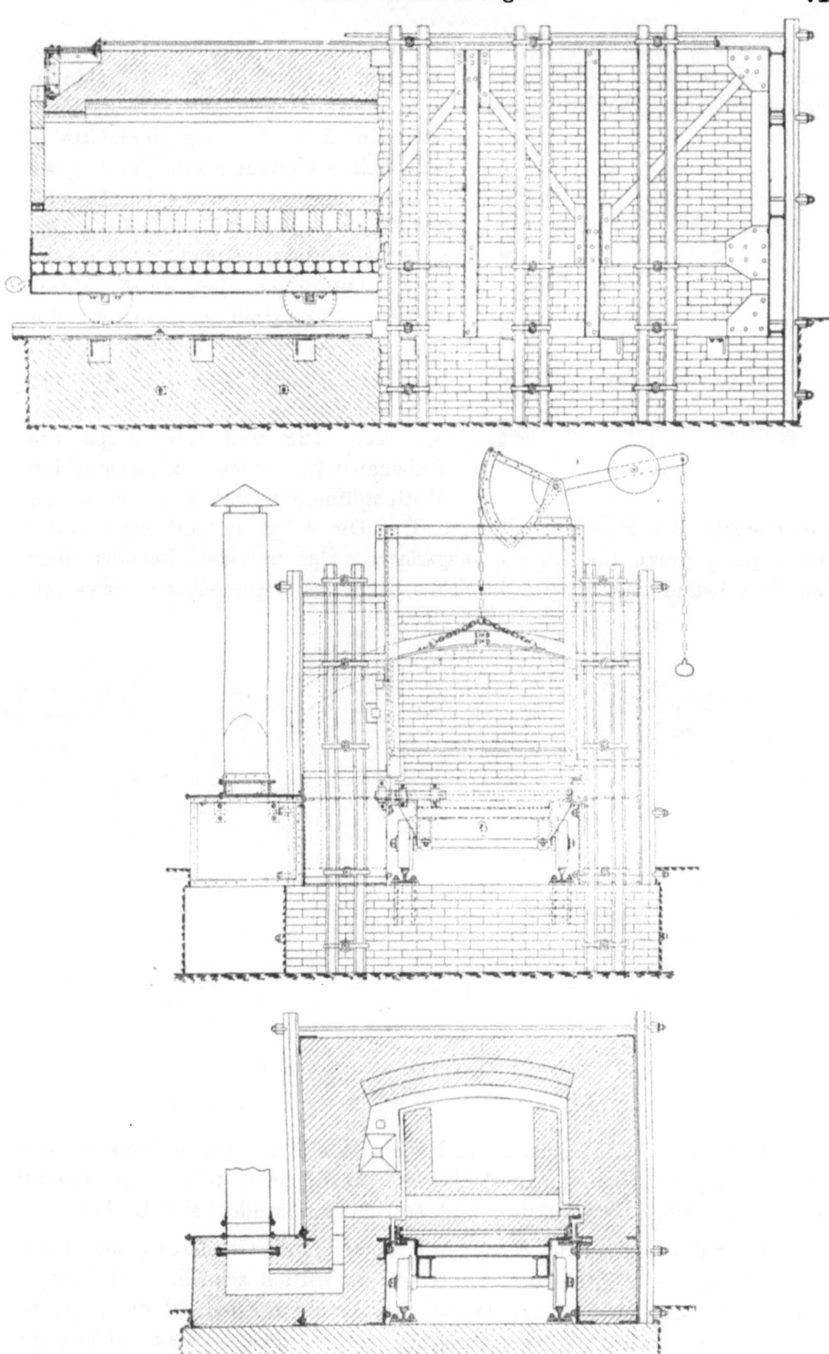

Abb. 118—120.

Abb. 121 zeigt den Querschnitt eines sog. Plattenglüh- und Härteofens, bei welchem unter der eigentlichen Herdplatte ein durch einen Brenner beheizter Verbrennungsraum angeordnet ist. Die Flamme tritt bei c in den über der Herdplatte d befindlichen Heizraum ein, die Abgase verlassen bei f den Ofen. Die Durchtrittsöffnung c für die Heizgase ist mehrfach unterteilt, jede dieser einzelnen Öffnungen ist durch einen Schieber e einstellbar, wodurch die Temperaturverteilung geregelt werden kann. Eine Zündöffnung b dient zur Inbetriebsetzung des Ofens.

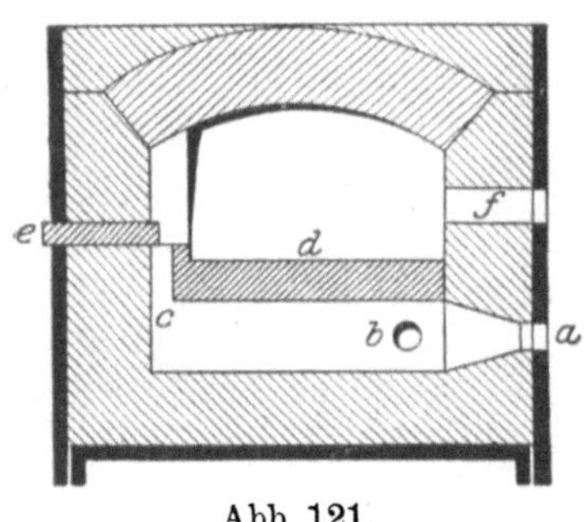

Abb. 121.

Abb. 122 und 123 zeigen die Außenansicht eines transportablen Plattenglühofens mit zwei Brennern und Gebläse der Poetter G. m. b. H. Der Ofen ist mit einer Luftvorwärmung durch die Abgase ausgerüstet. Das in einem Behälter über dem Ofen befindliche Öl wird durch die Hitze des Ofens selbst vorgewärmt.

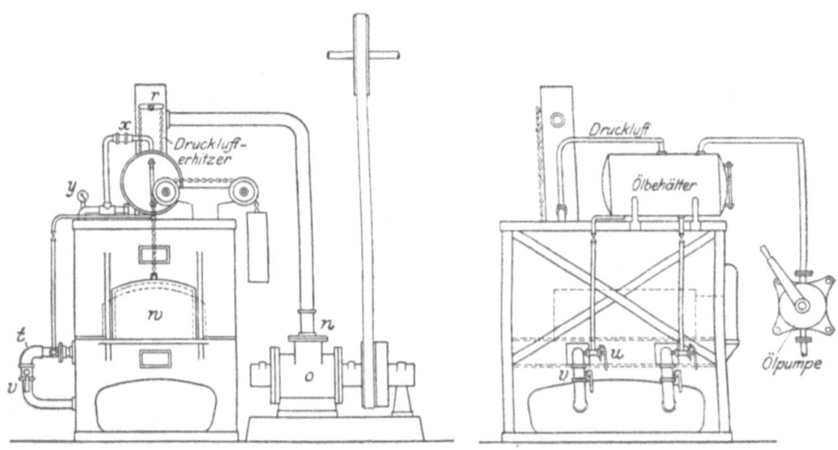

Abb. 122 u. 123.

Abb. 124—126 zeigen einen Pufferglühofen des Rhein. Vulkan. Die Entwicklung der Flamme unterhalb des eigentlichen Arbeitsraums gestattet eine gleichmäßige Erwärmung und ein nahezu zunderfreies Glühen.

Topfglühöfen. Ein besonderer Vorteil der Ölfeuerung bei Topfglühöfen ist die Möglichkeit, die Töpfe wesentlich schneller auf Temperatur zu bringen und infolgedessen mit derselben Ofenzahl die $1\frac{1}{2}$fache bis doppelte Produktion zu erreichen. Außerdem werden erfahrungsgemäß bei Ölfeuerung die Töpfe erheblich weniger abgenutzt als bei

Kohlenfeuerung. Unter Umständenwird selbst bei einem Ölpreis, welcher das Dreifache des Kohlenpreises beträgt, infolge der guten Brennstoff-

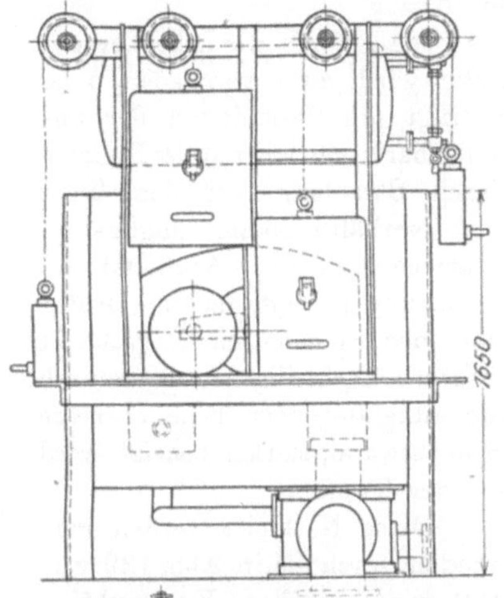

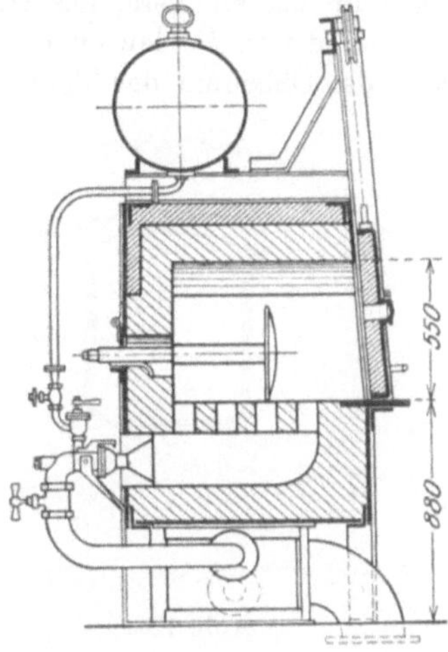

Abb. 124—126.

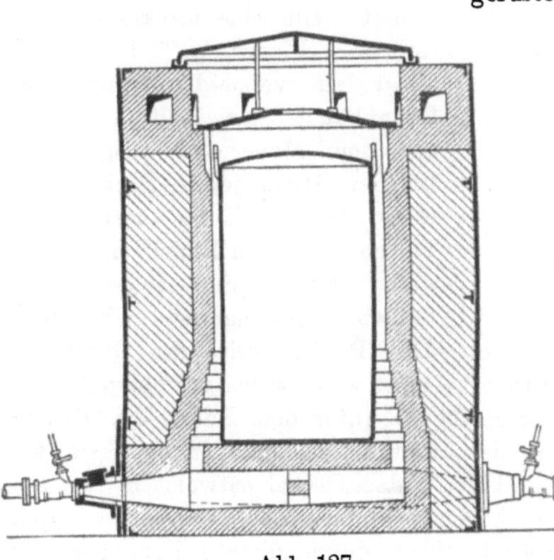

Abb. 127.

ausnutzung der Betrieb billiger als bei Kohlenfeuerung.

Abb. 127 zeigt den Längsschnitt eines Topfglühofens von Huber und Autenrieth. Der Topf steht auf einer Herdplatte, unterhalb deren sich ein mit zwei Brennern ausgerüsteter Verbrennungsraum befindet. Die Heizgase durchziehen den zwischen Topf und Ofen verbleibenden schmalen Raum und treten über dem Topf zwischen einem gußeisernen doppelten Deckel hindurch in den Abzug.

Ähnlich ist die Konstruktion des Topfglühofens von Pierburg (Abb. 128). Auch hier ist der Topf nicht unmittelbar beheizt. Er steht im kreisrunden Ofenschacht auf einem zylindrischen Sockel, um welchen herum die Flamme des tangential angeordneten Brenners kreist. Die heißen Gase steigen nach oben und treten im oberen Teile des Ofens in den Abzug.

Bei diesen beiden Öfen ist die Gefahr, daß durch die hohe Temperatur der Ölflamme der Topf lokal überhitzt wird, zwar vermieden, doch bedingt die Vermeidung der unmittelbaren Einwirkung der Flamme durch Strahlung auf den Topf eine verhältnismäßig ungünstige Wärmeausnutzung. Auch hat die Erfahrung gezeigt, daß die Rotation der Flamme im Ofenschacht insofern nachteilig ist, als dadurch die außenliegenden Teile, also die Schachtwand, stärker beheizt wird als der Topf.

Abb. 128.

Diese Nachteile werden vermieden durch die in Abb. 129 und 130 wiedergegebene Konstruktion eines Topfglühofens von Essich. Der Ofen besteht aus zwei nebeneinander angeordneten zylindrischen Schächten, welche durch mit Schamotte ausgefütterte gußeiserne Deckel verschlossen sind. Wie der Grundriß zeigt, sind in jedem Schacht tangential und in der Höhe versetzt zwei Brenner angeordnet. Um eine direkte Berührung der Flamme mit der Topfwand zu vermeiden, sind die Düsenkanäle zur Hälfte seitlich aus dem Mauerwerk ausgespart. In der Mitte jedes Deckels ist eine Abzugsöffnung vorhanden. Durch einen am Boden an geordneten Kanal sind beide Ofenschächte miteinander verbunden.

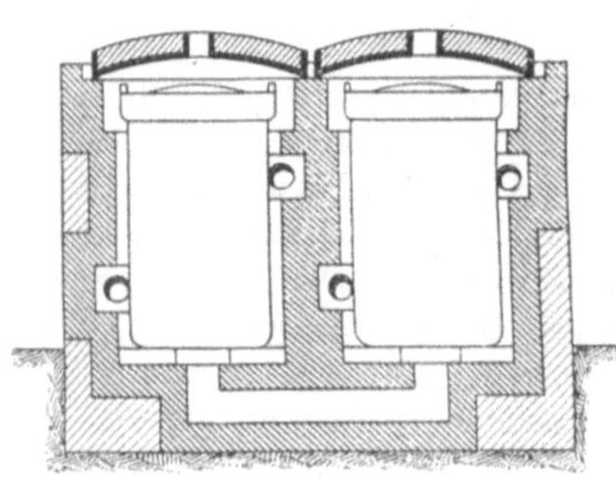

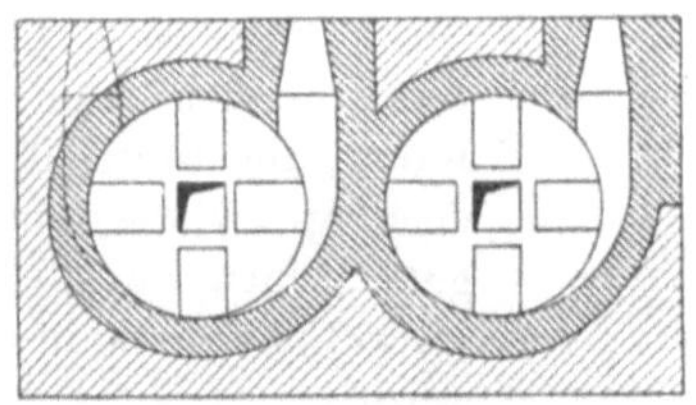

Abb. 129 u. 130.

Die Betriebsweise des Ofens ist derart, daß jeweils ein Ofen direkt befeuert wird, wobei der obere Abzug desselben geschlossen ist und die Abgase unter dem Boden des Topfes durch den Verbindungskanal in den zweiten Schacht übertreten, wo sie den zweiten Topf vorwärmen und durch den Deckel entweichen. Ist ein Topf fertig geglüht, so wird er herausgenommen und durch einen kalten ersetzt, während der vorgewärmte Topf durch direkte Feuerung auf

Temperatur gebracht wird und die Abgase zur Vorwärmung des kalten Topfes benutzt werden. Durch diese Ausnutzung der Abgase zur Vorwärmung wird ein sehr geringer Brennstoffverbrauch erzielt; er beträgt nur etwa 2 % des Gewichts von Topf und Einsatz, während bei Glühung ohne Vorwärmung sich der Brennstoffverbrauch auf 3 % und mehr beläuft.

Durch den entgegengesetzten Drehsinn der beiden Flammen wird erreicht, daß die Drehwirkung beider sich aufhebt und die früher erwähnten Nachteile der Rotation vermieden werden.

Salzbadhärteöfen werden vielfach mit Ölfeuerung ausgerüstet, da diese eine schnelle Inbetriebsetzung und dauernde genaue Innehaltung der gewünschten Temperatur gestattet. Meist werden hierbei die Abgase zur Vorwärmung der zu härtenden Teile benutzt, um beim Eintauchen vorgewärmter Stücke dem Salzbad möglichst wenig Wärme zu entziehen. Abb. 131 zeigt die Konstruktion eines Salzbadhärteofens von de Fries.

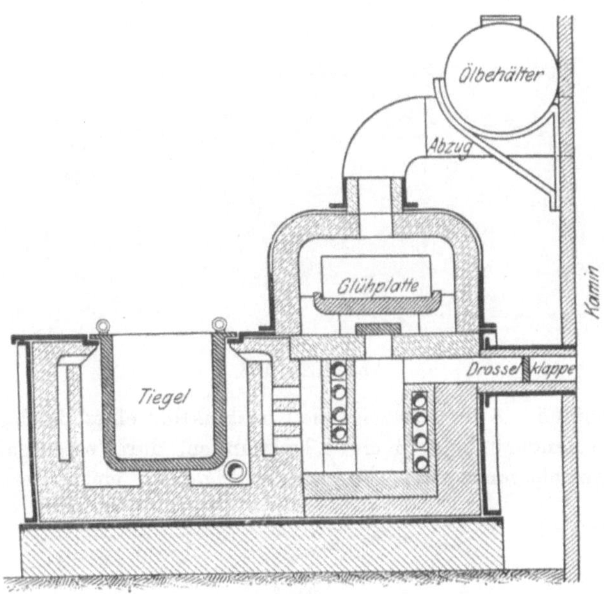

Abb. 131.

Der Ofen enthält einen herausnehmbaren Stahlgußtiegel, um welchen die Flamme des tangential angeordneten Brenners kreist. Die Abgase treten in einen neben dem Schmelztiegel angeordneten Vorwärmofen, welcher als Plattenglühofen gebaut ist. Bevor sie in diesen Ofen eintreten, werden sie zur Vorwärmung der Verbrennungsluft vermittels einer in Schamotte gebetteten Heizrohrschlange benutzt.

Abb. 132 und 133 zeigen die Außenansicht eines Salzbadhärteofens von Poetter. Auch dieser Ofen ist mit einem durch die Abgase beheizten Vorwärmofen ausgerüstet. Letzterer besitzt außerdem eine unabhängige direkte Beheizung durch einen Zerstäuber.

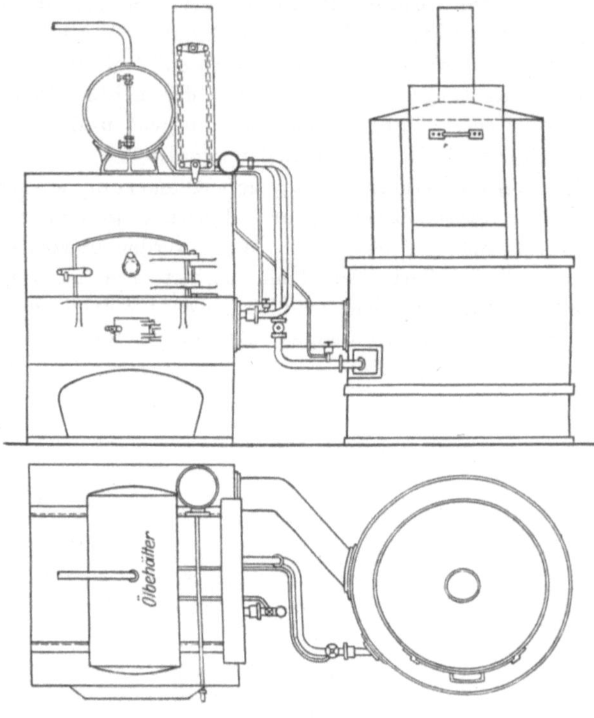

Abb. 132 u. 133.

Wärmöfen. Abb. 134 zeigt die Konstruktion eines Bandagenwärmofens. Die Bandage liegt in einem kreisrunden, durch einen gußeisernen Deckel abgeschlossenen Ofen von geringer Tiefe auf einem sternförmigen

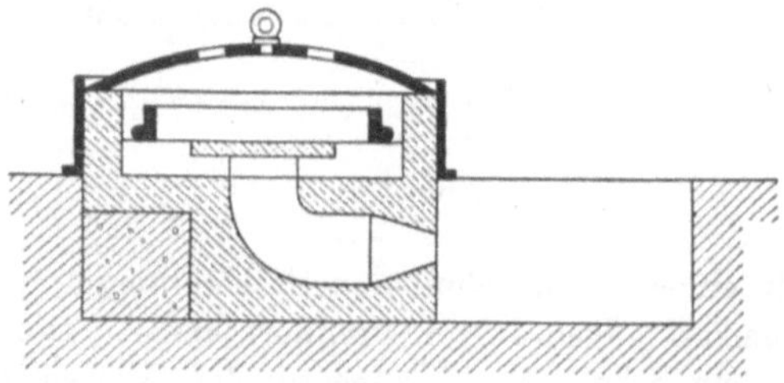

Abb. 134.

Rost. Im unteren Teile des Ofens ist ein mit einem Ölbrenner versehener Verbrennungskanal angeordnet. Die nach oben in den eigentlichen Heizraum tretenden Heizgase prallen gegen eine Verteilungsplatte

und werden hierdurch gezwungen, in unmittelbare Berührung mit der
Bandage zu treten. Im Deckel angeordnete Löcher dienen als Abzug.

Abb. 135—137 zeigen die Konstruktion eines Wärmeofens mit ge-
neigtem Herd von Kerpen und Klöpper[1]). Am unteren Ende des
Herdes sind zwei Flachbrenner angeordnet. Das von oben nachrollende
Material wird am oberen Ende durch die Abgase vorgewärmt und am
unteren Ende des Ofens herausgezogen.

Warmpreßöfen. Bei Öfen, welche Massenteile zur Verarbeitung
in Pressen erwärmen, wird Ölfeuerung mit Vorteil deswegen verwandt,
weil infolge der Möglichkeit, die Flamme reduzierend oder neutral einzustellen, eine nahezu zunderfreie Ware erzielt wird, wobei die direkte
Einwirkung der Flamme auf das Arbeitsgut eine außerordentlich günstige Wärmeausnutzung und eine wesentlich gesteigerte Leistung des

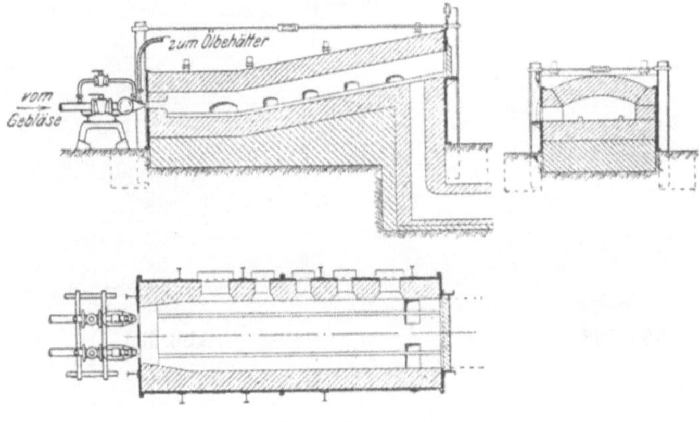

Abb. 135—137.

Ofens mit sich bringt. Der Brennstoffverbrauch derartiger Öfen beläuft
sich je nach der Konstruktion des Ofens und der Temperatur des zu
verarbeitenden Materials auf 5—8 % des Einsatzes.

Abb. 138 zeigt den Schnitt eines Wärmofens für Massenteile der
Deutschen Ölfeuerungswerke. Der Ofen besitzt einen geneigten Herd.
Die zu erwärmenden Teile werden von hinten eingeführt und rollen
nach vorn, während die von oben auftreffende Flamme von vorn nach
hinten strömt und das Material im Gegenstrom erwärmt. Die Abgase
werden durch ihre Führung gezwungen, das Gewölbe zu beheizen.

Eine andere Konstruktion eines Ofens derselben Firma zeigt Abb. 139.
Der Ofen ist nach Art eines Muffelofens gebaut, er ist für solche Zwecke
gedacht, bei denen das zu erwärmende Material nicht in Berührung mit
der Flamme selbst kommen soll.

---

[1]) Hausenfelder, Teerölverwertung für Heiz- und Kraftzwecke, St. u. E.,
1912, Nr. 19.

Abb. 140 und 141 zeigen die Außenansicht und den Schnitt durch einen transportablen Nietwärmofen von **Pierburg**. Der Ofen enthält einen unter dem eigentlichen Heizraum angeordneten Verbrennungsraum, so daß die Nieten durch die indirekte Einwirkung der Flamme fast zunderfrei erwärmt werden. Das in einem unter dem Ofen gelagerten Behälter befindliche Öl wird durch Luftdruck zur Düse hochgedrückt.

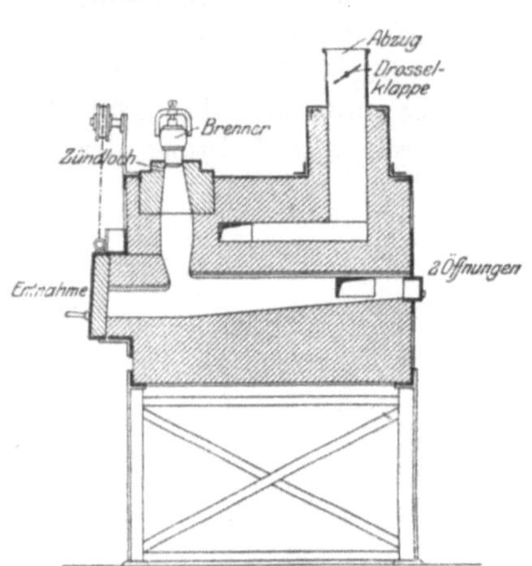

Abb. 138.

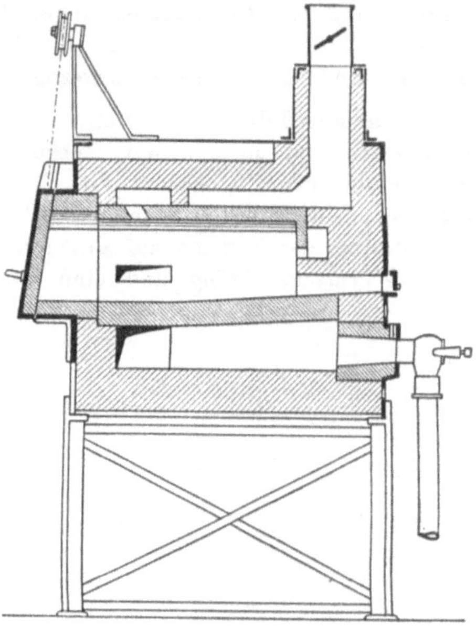

Abb. 139.

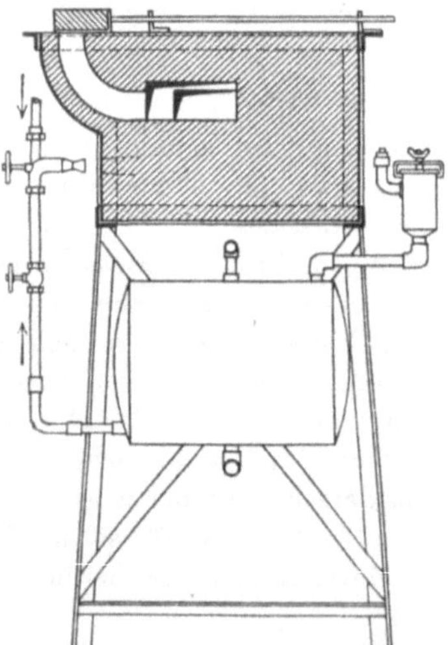

Abb. 140.

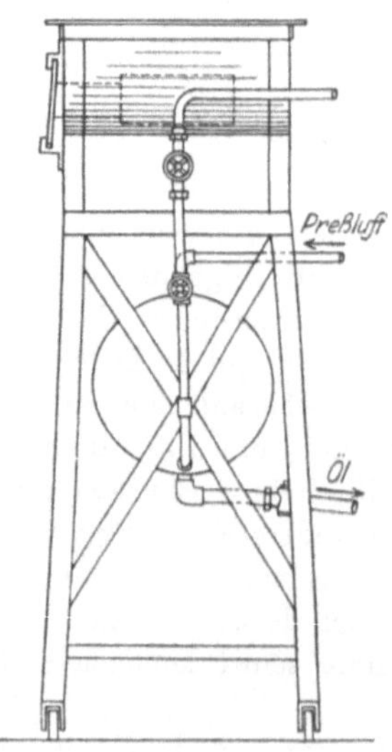

Abb. 141.

Wärmeöfen für Stangenmaterial, welche hauptsächlich in Verbindung mit Mutterpressen und ähnlichen Maschinen arbeiten, verlangen eine hohe Temperatur und eine rasche Erwärmung des Arbeitsgutes. Es

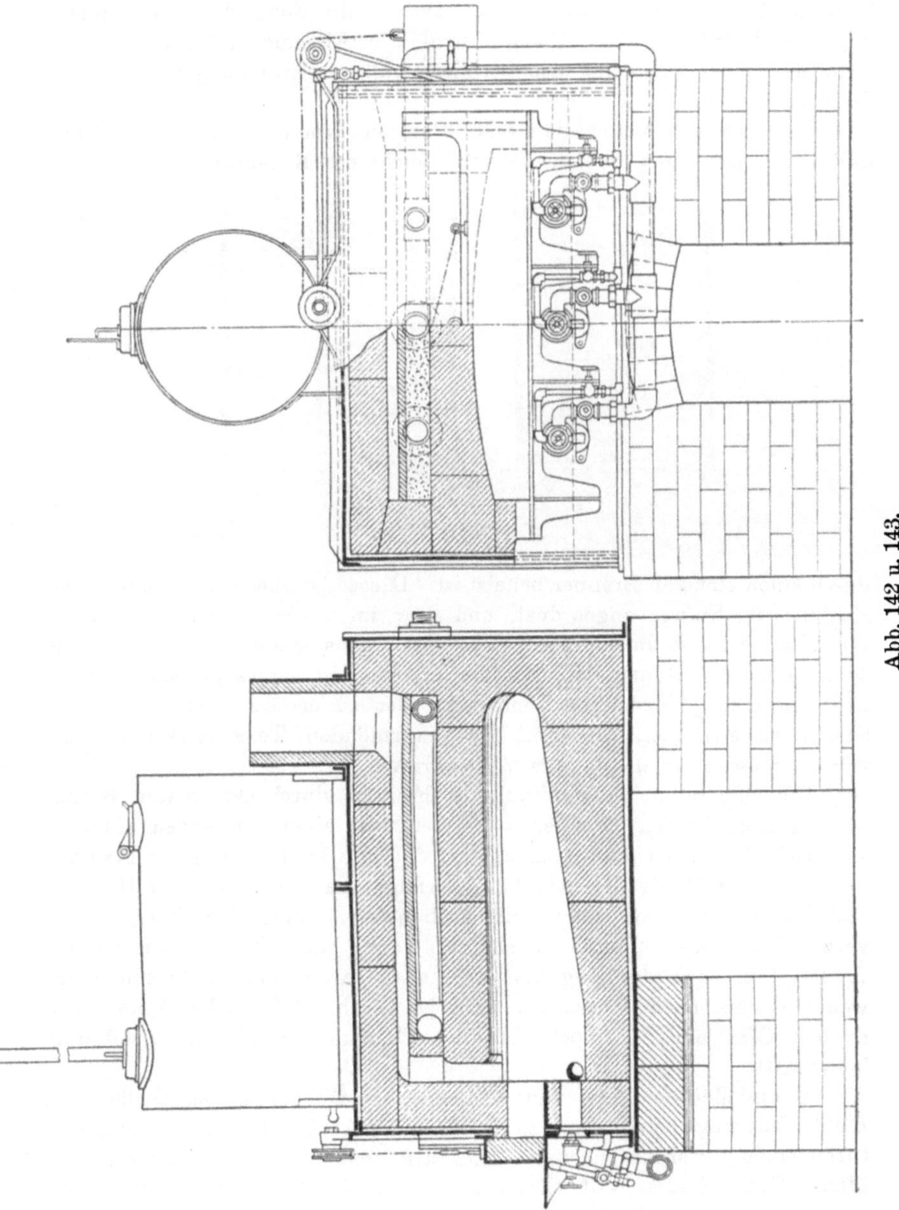

Abb. 142 u. 143.

ist daher erforderlich, die Flamme unmittelbar auf die zu erwärmende
Stange wirken zu lassen.

Abb. 142 und 143 zeigen die Konstruktion eines derartigen Ofens
von de Fries. Der Ofen wird beheizt durch drei nebeneinanderliegende
Brenner. Die Verbrennungsluft wird durch eine über dem Gewölbe
liegende Heizschlange vorgewärmt. Durch die Form des Ofenraumes
und die Anordnung des Abzuges wird die Flamme zur Umkehr gezwungen, wobei sich eine ziemlich gleichmäßige Hitze im ganzen Ofenraum entwickelt.

Eine zweite Konstruktion eines Stangenwärmofens zeigen Abb. 144
und 145. Der Ofen hat den Vorteil leichterer Regulierbarkeit, da er

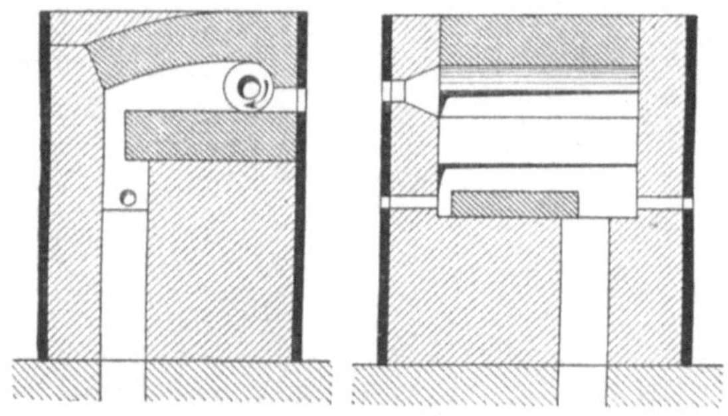

Abb. 144 u. 145.

durch einen einzigen Brenner beheizt ist. Dieser ist quer zur Einführungs-
richtung der Stange angeordnet, und zwar im vorderen Teile des Ofens.
Die Hitze ist also im vorderen Teile des Ofens größer als im hinteren
Teile, eine Anordnung, die aus der Überlegung heraus gewählt wurde,
daß, um eine gleichmäßige Temperatur des zu erwärmenden Teiles der
Stange zu erreichen, die frisch zu erwärmenden Teile stärker erhitzt
werden müssen als die bereits vorgewärmten.

Um eine rasche Ausbreitung der Flamme durch den ganzen Raum
zu erreichen, ist der Brenner zur Erzeugung einer wirbelnden Flamme
eingerichtet. Es ist darauf zu achten, daß die Drehrichtung der Flamme
im Sinne des Pfeils der Abbildung erfolgt, da andernfalls ein Heraus-
schlagen der Flamme durch die Einführungsöffnung der Stangen unvermeidlich wäre. Durch einen am Abzug des Ofens angeordneten
Abdeckstein wird der Zug des Ofens so geregelt, daß im oberen Teile
weder Unter- noch Überdruck herrscht, d. h. daß weder kalte Luft
in den Ofen eintritt, noch daß die Flamme zur Einführungsöffnung
heraustritt.

Schmiedeöfen. Die Verwendung von Ölfeuerung an Stelle von
Kohlenfeuerung bringt um so größeren Vorteil, je höhere Temperaturen erzeugt werden müssen. Dies trifft insbesondere zu für Schmiedeöfen. Schmiedeöfen mit Ölfeuerung ermöglichen die Erreichung von

Schweißhitze ohne jede Luftvorwärmung, was besonders für kleine, transportable Öfen von Vorteil ist. Bei größeren ortsfesten Öfen sollte man jedoch auch bei Ölfeuerung im Interesse eines geringen Ölverbrauchs auf Luftvorwärmung durch einen Rekuperator oder Regenerator nicht verzichten.

Abb. 146 und 147 zeigen den Querschnitt und Grundriß eines Schmiedeofens von Custodis. Die Abgase werden gezwungen, den

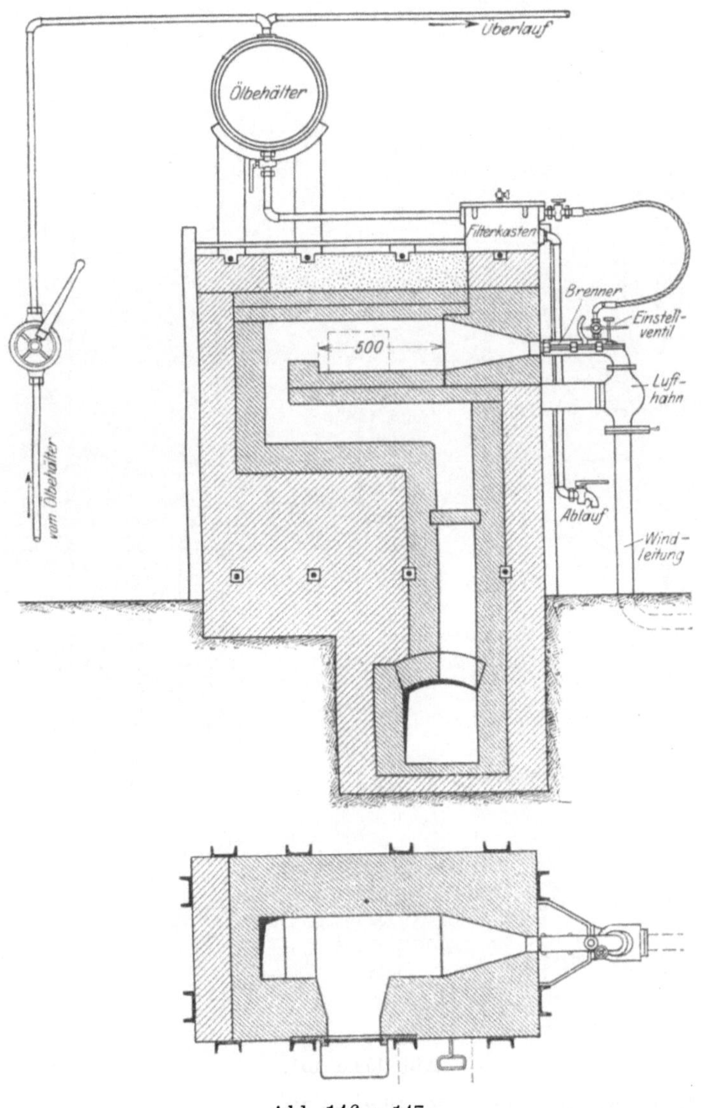

Abb. 146 u. 147.

Ofenherd von unten her zu beheizen. Durch die Anwendung eines Flachbrenners wird die Ausbreitung der Flamme über die ganze Ofenbreite begünstigt.

Abb. 148 und 149 zeigen Längs- und Querschnitt eines Schmiedeofens von Lochner[1]). Der Ofen ist mit zwei ausschwenkbaren Flachbrennern ausgerüstet. Der Ölverbrauch beträgt bei einer Temperatur von 1000° 40 kg pro Tonne Einsatz, bei 1200° 50 kg und bei 1400° 70 kg.

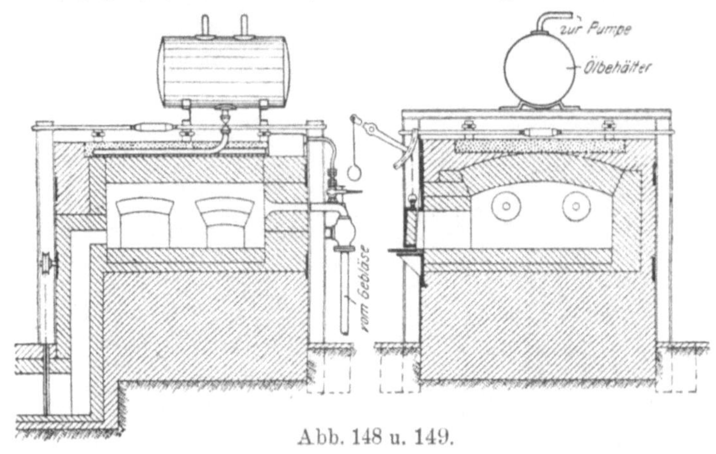

Abb. 148 u. 149.

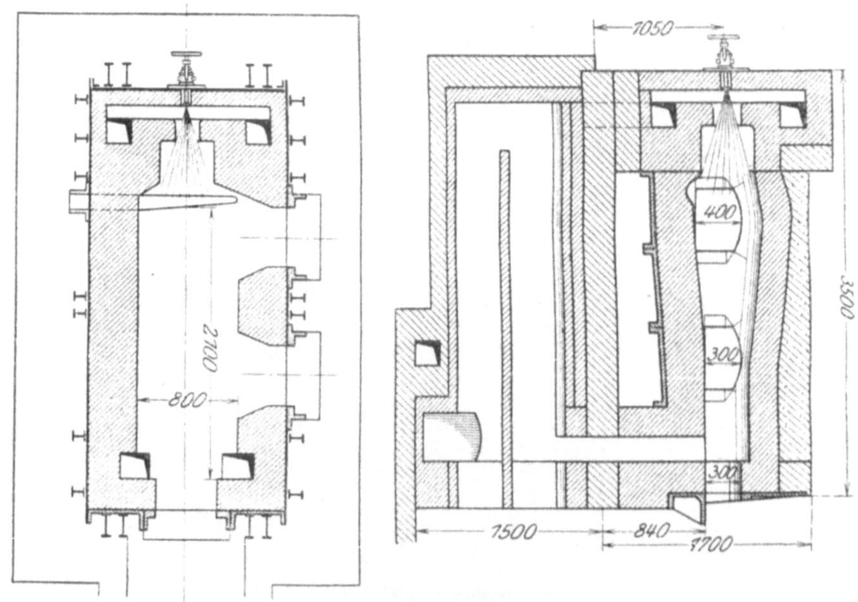

Abb. 150 u. 151.

<hr>

[1]) Hausenfelder, St. u. E., 1912, Nr. 19.

Abb. 150 und 151 zeigen einen Schmiedeofen mit Rekuperator des Rhein. Vulkan, bei welchem besonders die dem Brennerkanal am ganzen Umfang zugeführte Sekundärluft bemerkenswert ist.

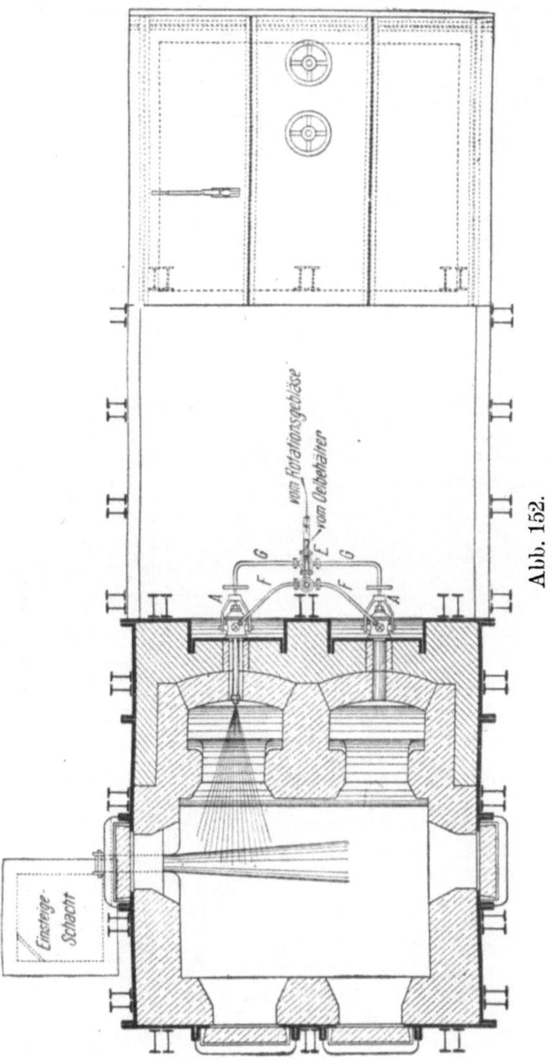

Abb. 152 und 153 zeigen einen nach dem Regenerativprinzip arbeitenden Schmiedeofen[1]. Der jeweils nicht benutzte Zerstäuber wird herausgezogen.

[1] Feuerungstechnik 1915, Nr. 35.

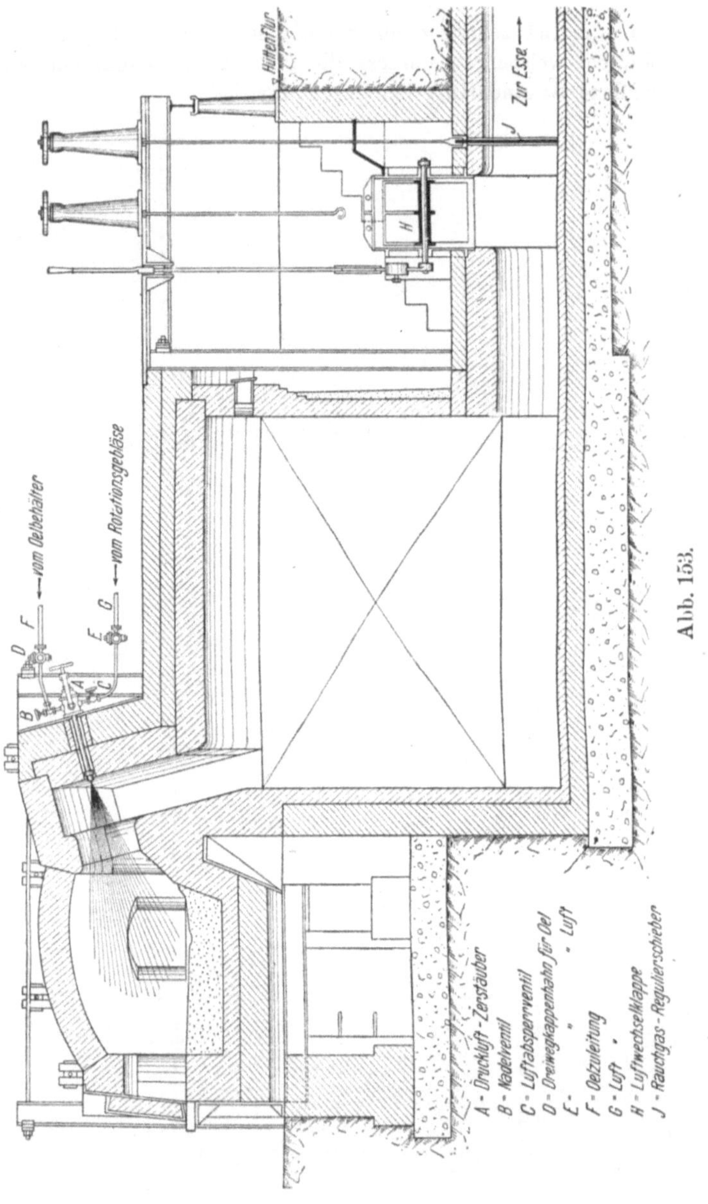

Abb. 154 und 155 zeigen Längs- und Querschnitt eines mit zwei Brennern ausgerüsteten Schmiedeofens von Pierburg. Durch die Anordnung der Abzüge auf derselben Seite wie die Brenner werden die Flammen gezwungen, umzukehren, was eine gute Verbrennung und Wärmeausnutzung ergibt.

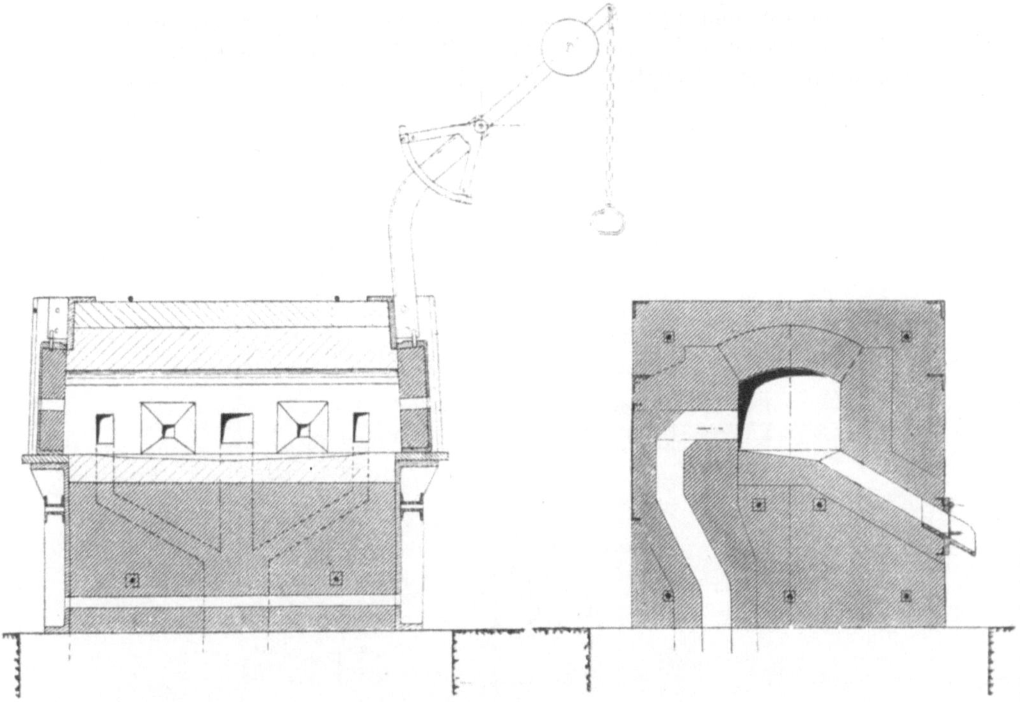

Abb. 154 u. 155.

Abb. 156 und 157 zeigen Längs- und Querschnitt eines transportablen kleinen Schmiedeofens von de Fries. Der Ofen ist mit einem unten angeordneten Ölbehälter ausgestattet, von dem das Öl durch Luftdruck in die Düse gefördert wird. Der Ofen ist mit zwei gegenüberliegenden Arbeitsöffnungen versehen.

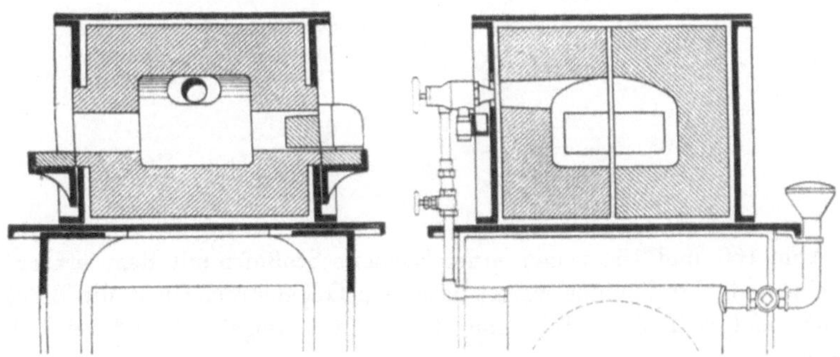

Abb. 156 u. 157.

Abb. 158 und 159 zeigen einen nach dem Rekuperativprinzip arbeitenden Stoßofen des Rhein. Vulkan. Bei *A* und *B* ist je ein Brenner angeordnet. Der Hauptteil der Luft wird im Rekuperator vorgewärmt.

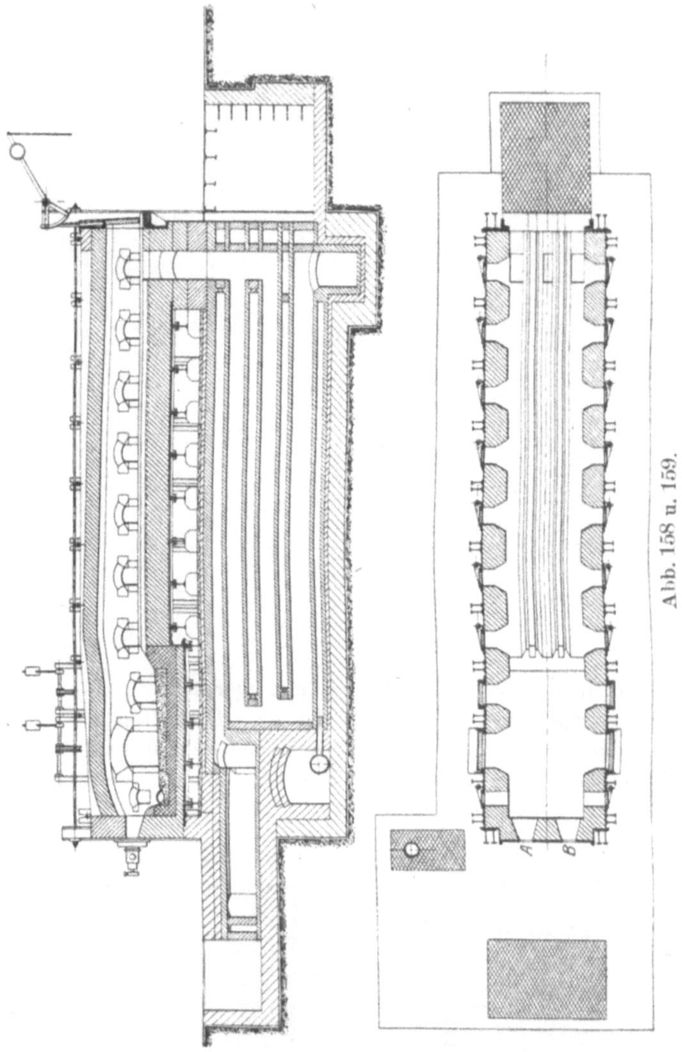

Abb. 160 und 161 zeigen einen Siemens-Stoßofen mit Regenerator[1]). Der eine Teil der Flamme wärmt nach dem Gegenstromprinzip die Blöcke vor, der andere Teil wird in den Regenerator umgelenkt und heizt das

---

[1]) Feuerungstechnik 1915, Nr. 35.

A - Zerstäuber
B - Biegsamer Stahlschlauch
C - Kappenhahn
D - Dreiweghahn
E - Siebtopfsystem
F - Thermometer
G - Oelvorwärmer
H - Sicherheitsüberlaufventil
J - Windkessel
K - Pumpen
L - Filtersystem
M - Saugeleitung
N - Druck
O - Ueberlaufleitung
P - Luftwechselklappe
Q - Rauchgas-Regulierschieber
Wasserauflauf
Wasserablauf
Zum Esse
Zur Esse
Rauchgas-Regulierschieber

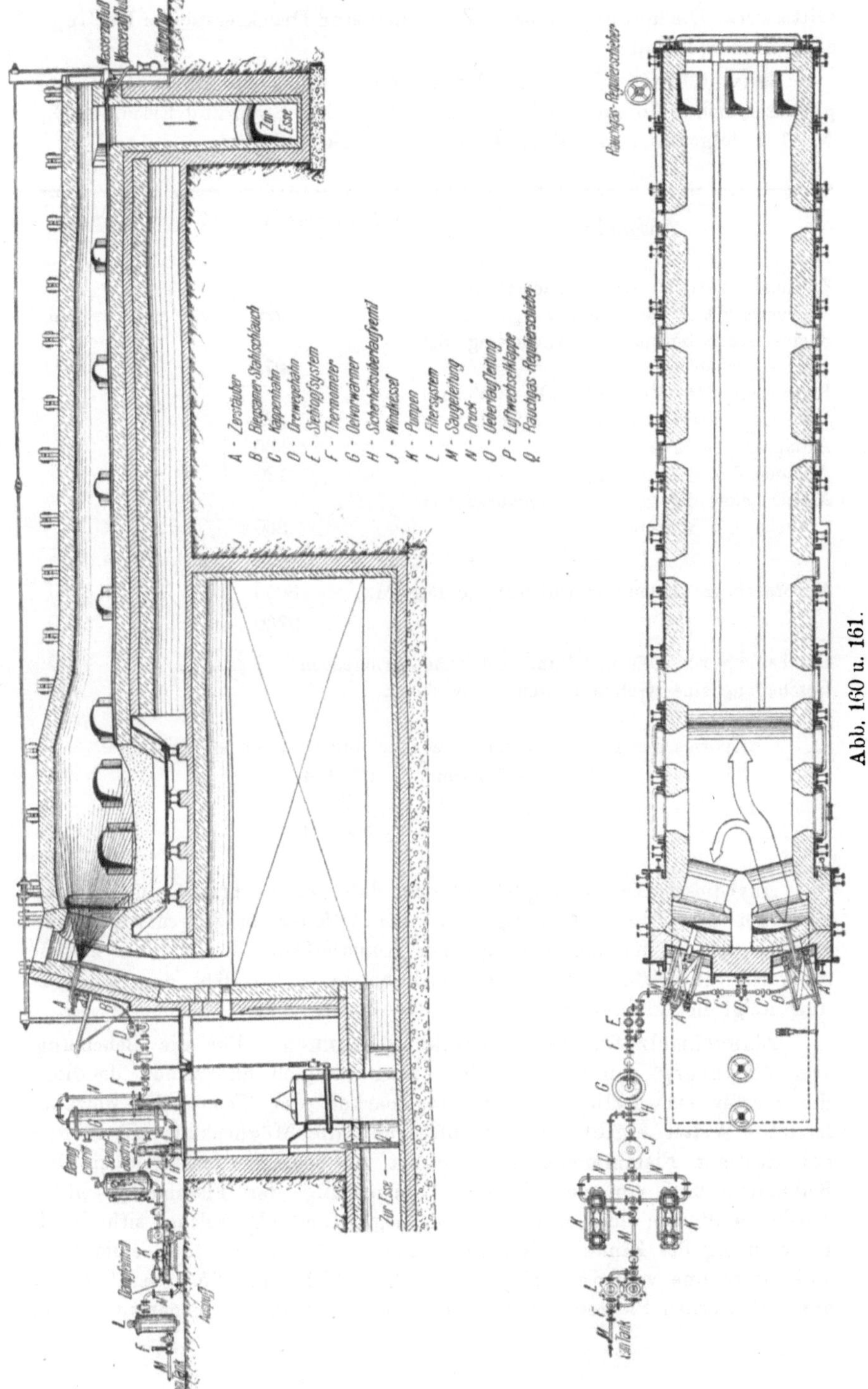

Abb. 160 u. 161.

Gitterwerk. Die herausnehmbaren Zerstäuber sind Druckzerstäuber Körtingscher Konstruktion.

Schweißöfen. Über die Betriebskosten eines für Ölfeuerung umgebauten Schweißofens macht Hausenfelder in »Stahl und Eisen, 1912, Nr. 19« folgende Aufstellung in Friedensmark:

Ausgaben	Kohlenfeuerung M.	Teerölfeuerung M.
Zweimal jährlich eine Erneuerung der Feuerung und Gewölbe	220	176
Kleine Ausbesserungen (Erneuerung der Feuerbrücke usw.)	275	—
Erneuerung der Roststäbe alle 3 Wochen im Gewichte von 215,5 kg = 22.70 M. .	385	—
Anfahren des Brennstoffes	360	24
Abladen des Brennstoffes	120	
Ausschlacken der Öfen und Abfahren von Asche und Schlacke	360	—
	1720	200
Verbrauch von Brennmaterial 600 t je 13.40 M.	8040	120 t je 42 50 5100
	9760	5300

Beschaffung von Düsen, Öltank, Ölleitung, Armaturen 1400
Beschaffung eines Gebläses, wenn notwendig 400

7100

Ersparnis durch Verwendung von Teerölfeuerung im ersten Jahre:

$$\begin{aligned} \text{Kohlenfeuerung} &\ .\ .\ 9760\ \text{M.} \\ \text{Teerölfeuerung} &\ .\ .\ 7100\ » \\ \hline &\ \ \ 2660\ \text{M.} \end{aligned}$$

Aus dieser Aufstellung ergibt sich, daß der Verbrauch an Wärmeeinheiten pro Tonne Arbeitsgut bei der Ölfeuerung $3\,^1/_2$ mal geringer war als bei der Kohlenfeuerung. Die Konstruktion dieses Ofens zeigen Abb. 162 und 163. Der Ölverbrauch beträgt 14—16% des Einsatzes und steigt bei kleinen Stücken auf 31—36%.

Zinkschmelzöfen und Verzinkungspfannen. Für die Beheizung von Verzinkungspfannen wird Ölfeuerung vielfach angewandt, da diese die hierfür erforderliche genaue Regelbarkeit der Temperatur gewährleistet. Weiter ergibt sich bei Ölfeuerung die Möglichkeit, die Pfanne bei richtiger Flammenanordnung direkt zu beheizen, während sie bei Kohlenfeuerung vor der direkten Einwirkung der Flamme geschützt werden muß, um dem Entstehen von sog. Hartzink, welcher sich durch Überhitzung des Zinks bildet, vorzubeugen. Die Einrichtung einer Verzinkungspfanne von de Fries zeigen Abb. 164 und 165. Der Ofen ist aus gußeisernen Platten zusammengesetzt und feuerfest ausgemauert. Im

unteren Teile des Ofens befindet sich eine durch eine Zwischenwand ge-
teilte Verbrennungskammer, an welcher ein Brenner angeordnet ist, dessen
Flamme durch die Zwischenwand gezwungen wird, einen U-förmigen Weg

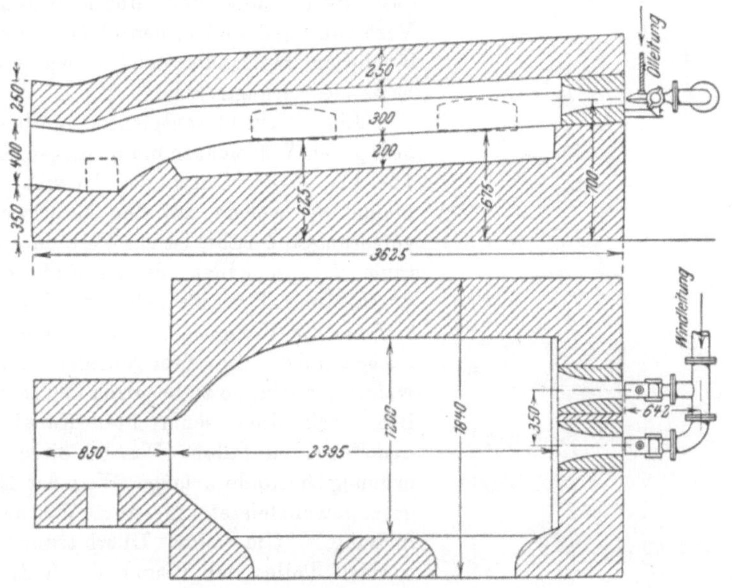

Abb. 162 u. 163.

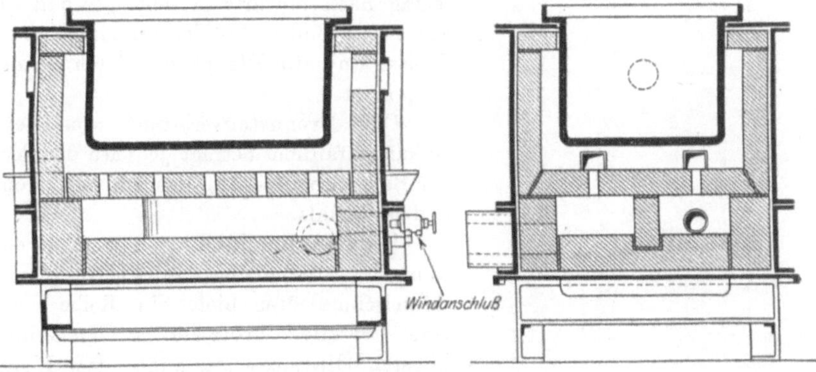

Abb. 164 u. 165.

zurückzulegen. Durch von dieser Kammer nach oben führende kleine
Kanäle treten die Heizgase in den eigentlichen, die Verzinkungspfanne
aufnehmenden Heizraum. Die Abgase entweichen am vorderen und
hinteren Ende des Ofens an dessen Oberseite.

Abb. 166 und 167 zeigen eine Verzinkungspfanne System Urbscheit mit einem Nutzraum von 2000 · 300 · 350 mm. Auch hier ist die Flamme von der Pfanne durch eine Platte aus feuerfestem Material getrennt. Die Heizgase treten aus dem unten liegenden Verbrennungskanal in den oben liegenden länglichen Heizraum, an dessen einem Ende sie heraustreten.

Eine Verzinkungspfanne mit besonders guter Wärmeausnutzung zeigen Abb. 168 bis 170. Unter der Verzinkungspfanne a, welche auf den Mauerwerksvorsprüngen b ruht, ist ein Verbrennungsraum d angeordnet, dessen Ende bei c durch einen Brenner befeuert wird. Bei c treten die Heizgase nach oben, um dann nacheinander die drei übrigen Seitenwände der Pfanne zu beheizen und schließlich durch einen senkrechten Kanal f in den Fuchs zu fallen. Der bei dieser Anordnung besonders lange Weg der Heizgase gewährleistet eine gute Wärmeausnutzung. Um eine Überhitzung des unteren Teiles der Pfanne durch direkte Berührung mit der Flamme selbst zu vermeiden, wird zweckmäßig die Düse etwas schräg nach abwärts gerichtet, so daß sie gegen den Boden des Verbrennungskanals d bläst und die Pfanne nur durch Strahlung heizt.

Der Brennstoffverbrauch von Verzinkungspfannen beträgt je nach der Art der Beheizung 1—3% des zu verzinkenden Materials.

Tiegelschmelzöfen. Die Verwendung der Ölfeuerung zur Beheizung von Tiegelschmelzöfen bietet eine Reihe wichtiger Vorteile. Trotz des im allgemeinen höheren Ölpreises gegenüber dem Kokspreise ist bei richtiger Wahl des Brennersystems und der Ofenausmauerung die Schmelzung durch Öl billiger, weil die Wärmeausnutzung eine wesentlich bessere ist. Ein weiterer Vorteil besteht darin, daß der Koks verhältnismäßig viel Schwefel enthält, während Steinkohlenteeröl und eine große Anzahl von

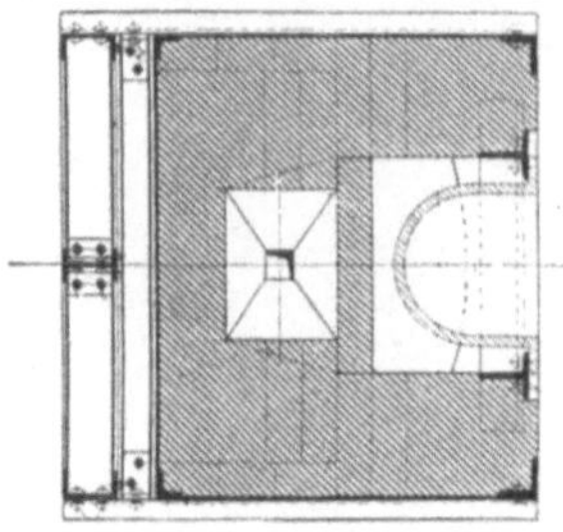

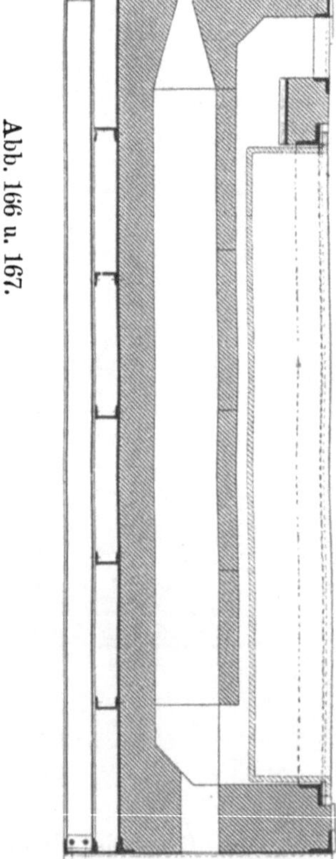

Abb. 166 u. 167.

Mineralölen nur Spuren von Schwefel enthalten. Das im Ölofen erschmolzene Produkt ist daher von wesentlich besserer Qualität, auch aus dem Grunde, weil die Ölfeuerung das Arbeiten mit reduzierender Flamme gestattet und daher nicht nur einen geringen Abbrand ergibt, sondern auch etwa vorhandene Oxydteilchen, welche Verunreinigungen im Schmelzgut ergeben würden, zu Metall reduziert. Bei mit Koks gefeuerten Öfen ist der Abbrand deshalb wesentlich größer, weil sich der Koksinhalt des Ofens dauernd verändert und es nicht möglich ist, durch eine andauernde Regulierung die Luftzufuhr entsprechend mit zu ändern. Der Abbrand ist aber von ganz wesentlichem Einfluß auf die Gestehungskosten des Gusses. Bei Zugrundelegung eines Metallwertes von 20 M. pro kg bedeutet eine Verringerung des Abbrands von nur $1/2\%$ eine Ersparnis

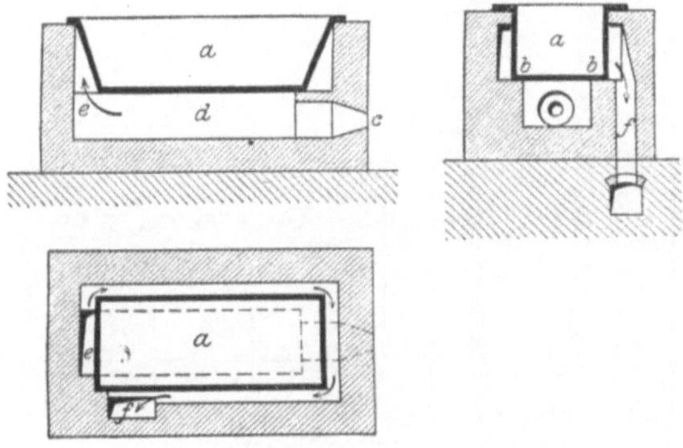

Abb. 168—170.

von 10 M. pro 100 kg Schmelzgut, wogegen die Brennstoffkosten, welche sich z. B. beim Schmelzen von Rotguß mit 8% Ölverbrauch und einem Ölpreis von 60 Pf. pro kg auf M. 4.80 belaufen, überhaupt nur die Hälfte dieser Summe ausmachen. Ein weiterer Vorteil des mit Öl betriebenen Schmelzofens ist eine gegenüber anderen Feuerungsarten um etwa 50—100% größere Leistungsfähigkeit, ferner die wesentlich einfachere Bedienung, da sich der Ölofen viel leichter als kippbarer Ofen ausbilden läßt als der mit Koks gefeuerte Ofen, und da das dauernde Aufgeben von Brennstoff wegfällt.

In gut konstruierten Tiegelschmelzöfen mit Ölfeuerung beläuft sich der Ölverbrauch bei Messing auf 6%, Bronze 8%, Kupfer 10—12%, Stahl 15—20% des Schmelzgutes.

Abb. 171 zeigt einen feststehenden Tiegelschmelzofen der Deutschen Ölfeuerungswerke. Der Ofen besteht aus einem schmiedeisernen, feuerfest ausgefütterten Mantel mit durch Gegengewicht ausbalanciertem abhebbarem Deckel. Im Ofenschacht steht auf einem runden Sockel der Tiegel, der Brenner ist tangential angeordnet. Die um den Tiegel kreisende Flamme tritt über demselben durch ein kreisrundes Loch im

Deckel aus. Eine im unteren Teil des Schachtes angeordnete Öffnung gestattet den Ausfluß des Materials bei Tiegelbruch.

Abb. 172—174 zeigen den kippbaren Tiegelschmelzofen derselben Firma. Der Ofen ist in einer durch die Schnauze gehenden Achse gelagert und an einer in einem Kreisbogenabschnitt geführten Kette, welche durch Handrad und Schnecke aufgewunden werden kann, aufgehängt. Im übrigen ist die Einrichtung des Ofens im Prinzip dieselbe wie diejenige des feststehenden Ofens. Auf dem Deckel befindet sich ein abnehmbarer zylindrischer Aufsatz, welcher bestimmt ist, die sperrige Beschickung des Tiegels zum Teil aufzunehmen, vorzuwärmen und niederzuschmelzen.

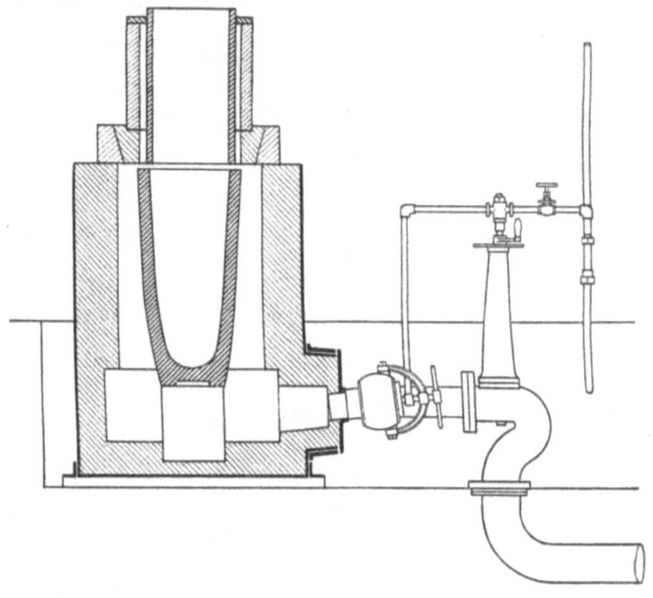

Abb. 171.

Abb. 175 und 176 zeigen den Tiegelschmelzofen der Ardelt-Werke. Auch dieser Ofen besteht aus einem zylindrischen Schacht aus feuerfestem Material, in welchem zentral der Tiegel angeordnet ist, welcher durch die um ihn kreisende Flamme beheizt wird. Über dem Deckel des Ofens befinden sich zwei konzentrisch angeordnete Aufsätze, deren innerer das sperrige Beschickungsmaterial des Tiegels zum Teil aufnehmen soll, während durch den Zwischenraum zwischen dem inneren und äußeren Aufsatz die Flamme austritt. Der Ofen ist mit einem Brenner ausgestattet, welcher getrennte Zuführung der Verbrennungs- und Zerstäubungsluft besitzt. Erstere wird durch einen Ventilator, letztere durch einen Kompressor erzeugt. Eine über dem Ofen ange-

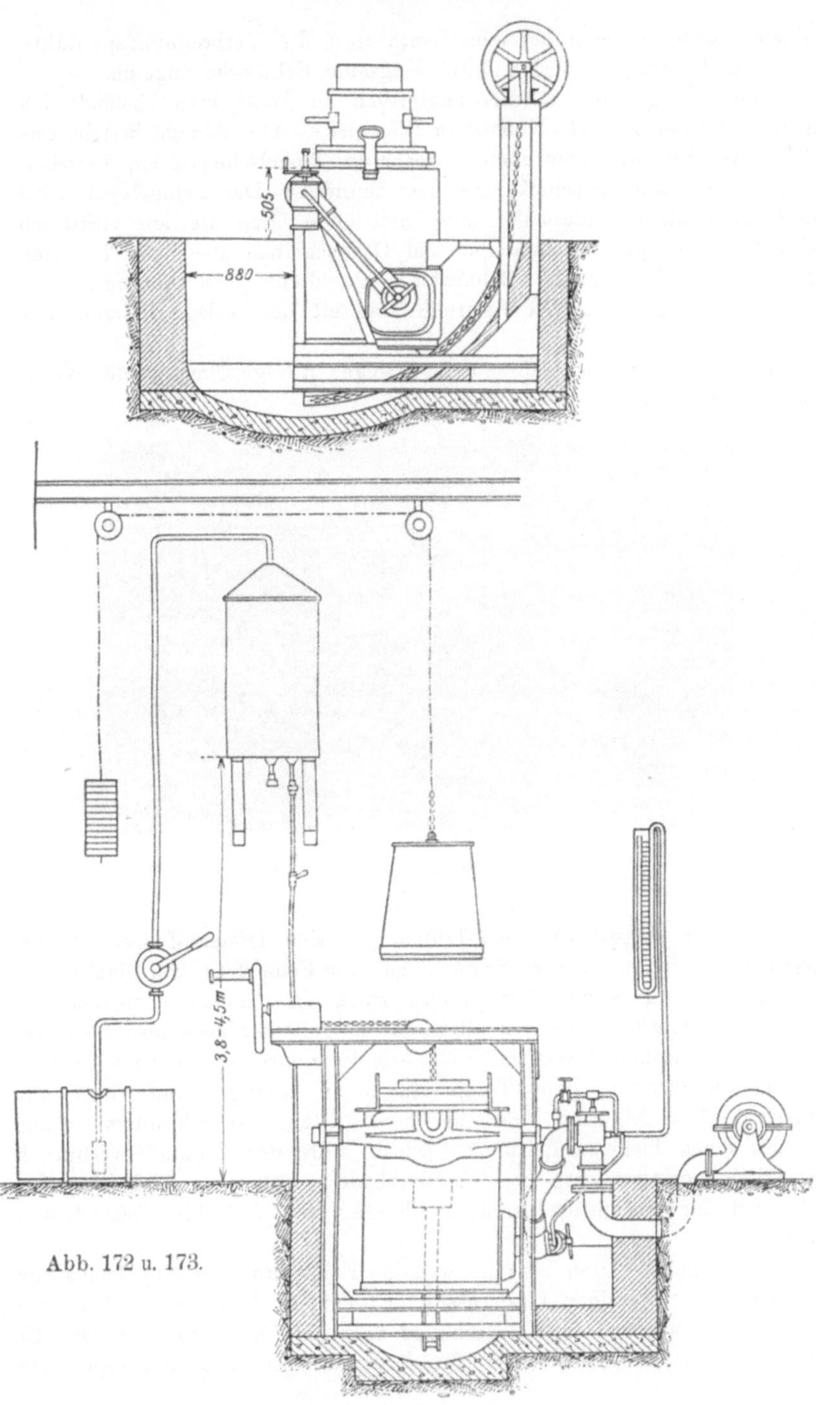

Abb. 172 u. 173.

ordnete Abzugshaube führt den Rauch und die Verbrennungsprodukte ab. Öl und Preßluft werden durch biegsame Schläuche zugeführt.

Eine der größten Ölfeuerungsanlagen in Deutschland befand sich im Betriebe der A.E.G. Kabelwerk Oberspree. Die Anlage besteht aus 26 in zwei Reihen angeordneten kippbaren Tiegelschmelzöfen, zwischen welchen sich eine Beschickungsbühne befindet. Das Schmelzgut wird durch eine Elektrohängebahn zugeführt. Die Öfen werden elektrisch gekippt und in die vor denselben auf Drehscheiben stehenden Kokillen ausgegossen. Eine große Exhaustoranlage dient zum Absaugen von Abgasen und Qualm. Die Leistungsfähigkeit der Anlage beträgt über 100 t täglich.

Die Anlage wurde während des Krieges infolge Ölmangel für Koksfeuerung umgebaut.

Abb. 174.

Kippbare tiegellose Schmelzöfen. In den letzten Jahren ist die Verwendung von tiegellosen Schmelzöfen zum Schmelzen von Stahl sowie von Kupfer und seinen Legierungen stark in Aufnahme gekommen. Der Grund hierfür liegt vor allem darin, daß der tiegellose Schmelzofen die Möglichkeit bietet, mit reduzierender neutraler oder oxydierender Flamme zu arbeiten, hohe Temperaturen zu erzeugen und schnell anzuheizen. Der Abbrand eines derartigen Ofens ist allerdings größer als der eines Tiegelschmelzofens, jedoch fällt der Brennstoffverbrauch wesentlich geringer aus, der Tiegelverbrauch fällt weg und der Ofen läßt sich für wesentlich größere Chargen als ein Tiegelschmelzofen bauen.

Der tiegellose Ofen ist eine wichtige Ergänzung des Kupolofens zur Erzeugung hochwertigen Graugusses. Er ermöglicht es, einen Guß gewünschter Zusammensetzung rasch und sehr heiß niederzuschmelzen. Er eignet sich daher insbesondere für dünnwandigen Guß und ergibt ein blasen- und schlackenfreies, schwefelarmes Material von hoher Festigkeit. Abeking macht über die Eigenschaften desselben folgende Angaben (St. u. E. 1918, Nr. 35, S. 793): Zerreißfestigkeit 21,7—30 kg/mm², Biegefestigkeit 40,8—53,5 kg/mm². Gesamter C **2,45—3,26 %**, Si 2,41 bis 3,0 %, Mn 0,28—0,5 %, P 0,4—0,51 %, S 0,062—0,12 % bei einer

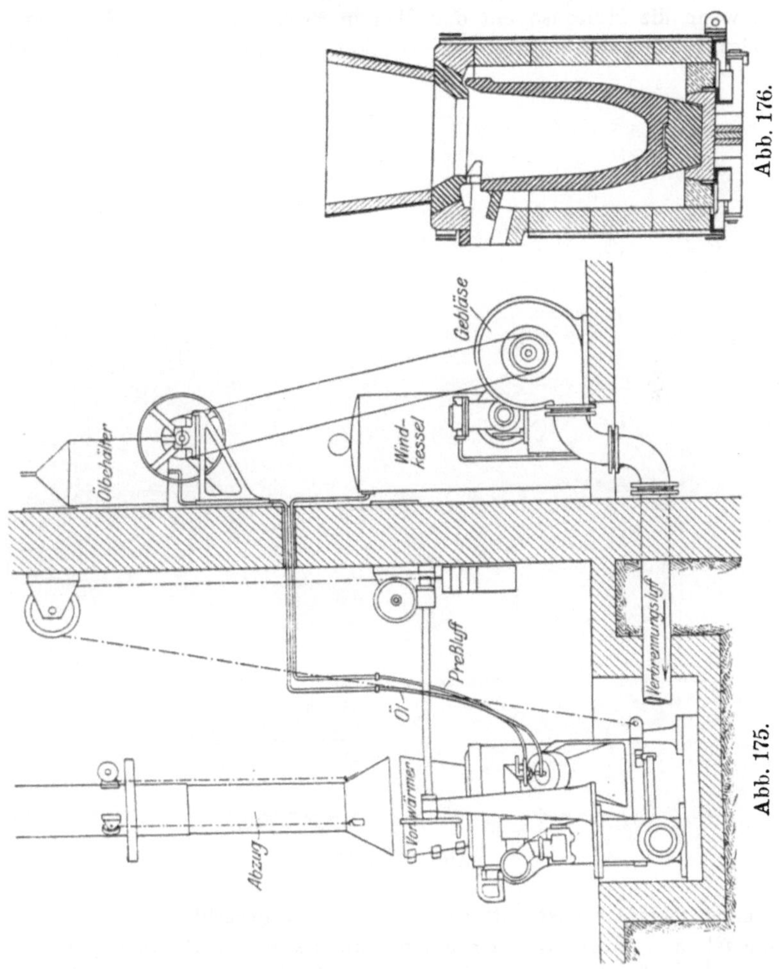

Gattierung von 5—10 % Stahlabfälle, 20 % Hämatit, Rest Gießereiroheisen Nr. 1—3 und Brucheisen. Der Siliziumabbrand betrug 15—20 %. Mangan zeigte nur geringe Abnahme.

Die Betriebskosten des Ölofens pro Tonne Guß sind natürlich höher als die des Kupolofens. Während dieser etwa 10—12 % Koks verbraucht, sind beim Ölofen je nach Größe 9—20 % Öl erforderlich. Nach

Abeking betragen die Kosten eines 500—600 kg-Ofenfutters 200—250 Friedensmark. Die Lebensdauer eines solchen Futters beträgt etwa 30 Chargen. Die Schmelzdauer beträgt etwa 2 Stunden, der Druck im Ofen etwa 30 mm WS.

Bei einem richtig konstruierten tiegellosen Ofen ist darauf zu achten, daß die Verbrennung möglichst weit vorgeschritten bzw. beendet sein muß, wenn die Heizgase mit dem Bad in Berührung treten. Man unterscheidet in der Hauptsache zwei Ofenkonstruktionen: die eine besteht

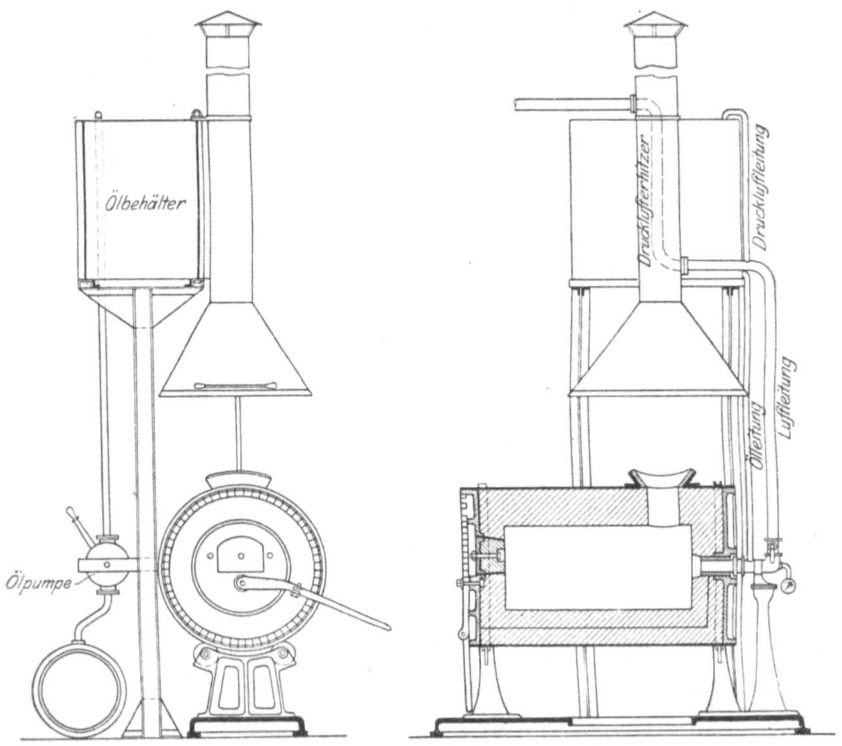

Abb. 177 u. 178.

aus einer feuerfest ausgefütterten, um ihre wagerechte Achse drehbaren Trommel, an welcher auf der einen Seite axial ein Brenner angeordnet ist, während der Abzug auf der anderen Seite oder im oberen Teile des Ofens liegt. Letztere Anordnung ist deswegen vorteilhafter, weil dadurch die Flamme zur Umkehr gezwungen und besser ausgenutzt wird.

Abb. 177 und 178 zeigen einen derartigen tiegellosen 500 kg-Schmelzofen der Poetter G. m. b. H. Düsseldorf. Bei diesen Öfen ist der drehbare, trommelartige Ofenkörper auf Rollen gelagert. Für ersteren wird der Abbrand bei Kupferlegierungen mit 2—3 % angegeben, der Ölverbrauch mit 7—12 %. Für Stahlguß beträgt der Ölverbrauch 20—35 %, der Abbrand 4—6 % vom Einsatz.

Eine ähnliche Konstruktion von Baurichter zeigt Abb. 179. Hier ist jedoch in der Sohle des Ofens ein durch einen Stopfen verschließbarer Ausguß vorgesehen. Nach Fertigmachung der Charge wird der eigentliche Ofenkörper mittels eines Gehänges am Gießereikran aufgehängt und unmittelbar in die einzelnen Formen ausgegossen. Diese Konstruktion stellt einen bedeutenden Fortschritt dar.

Die zweite Bauart des kippbaren tiegellosen Schmelzofens, diejenige der Deutschen Ölfeuerungswerke (Abb. 180—184) besitzt einen niedrigen Schacht von kreisförmigem Grundriß, dessen untere Hälfte durch das

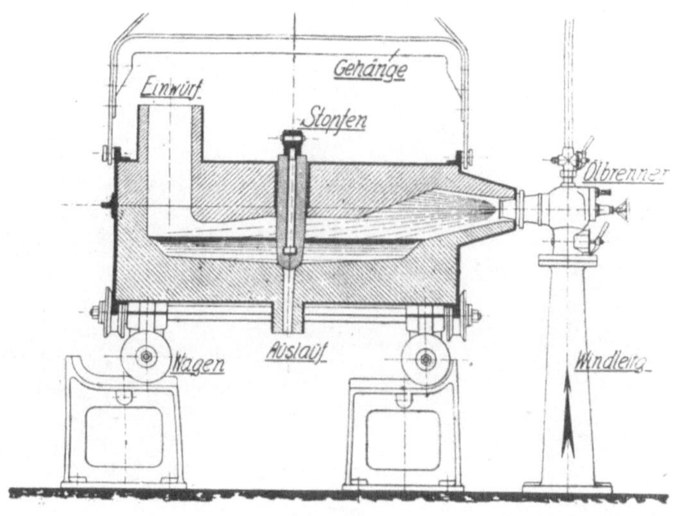

Abb. 179.

Bad ausgefüllt wird, während in der oberen Hälfte die Flammen zweier tangential angeordneter Brenner kreisen. Der Abzug befindet sich in der Mitte des Deckels. Infolge der Rotation der Flammen und der Anordnung des Abzuges werden die Heizgase gezwungen, einen sehr langen Weg zurückzulegen, bevor sie aus dem Ofen austreten. Infolgedessen wird eine vollständige Verbrennung, eine gute Durchmischung der Heizgase und eine gute Wärmeausnutzung erzielt.

Der Ofen ist mittels Handrad und Schnecke und Zahnradsegment kippbar. Gegenüber der Ausgußöffnung befindet sich eine zum Beobachten sowie beim Kupferschmelzen zum Raffinieren dienende Öffnung.

Künscher[1]) gibt den Ölverbrauch eines 1 t-Ofens der Deutschen Ölfeuerungswerke für Kupfer auf 7—8 % bei 1½ Stunden Schmelzdauer

---

[1]) Feuerungstechnik 1915.

an. Beim Schmelzen von Rotguß und Bronze beläuft sich derselbe auf 5—6 %, bei Kupfer auf 6—8 %. Der Abbrand beträgt hierbei für

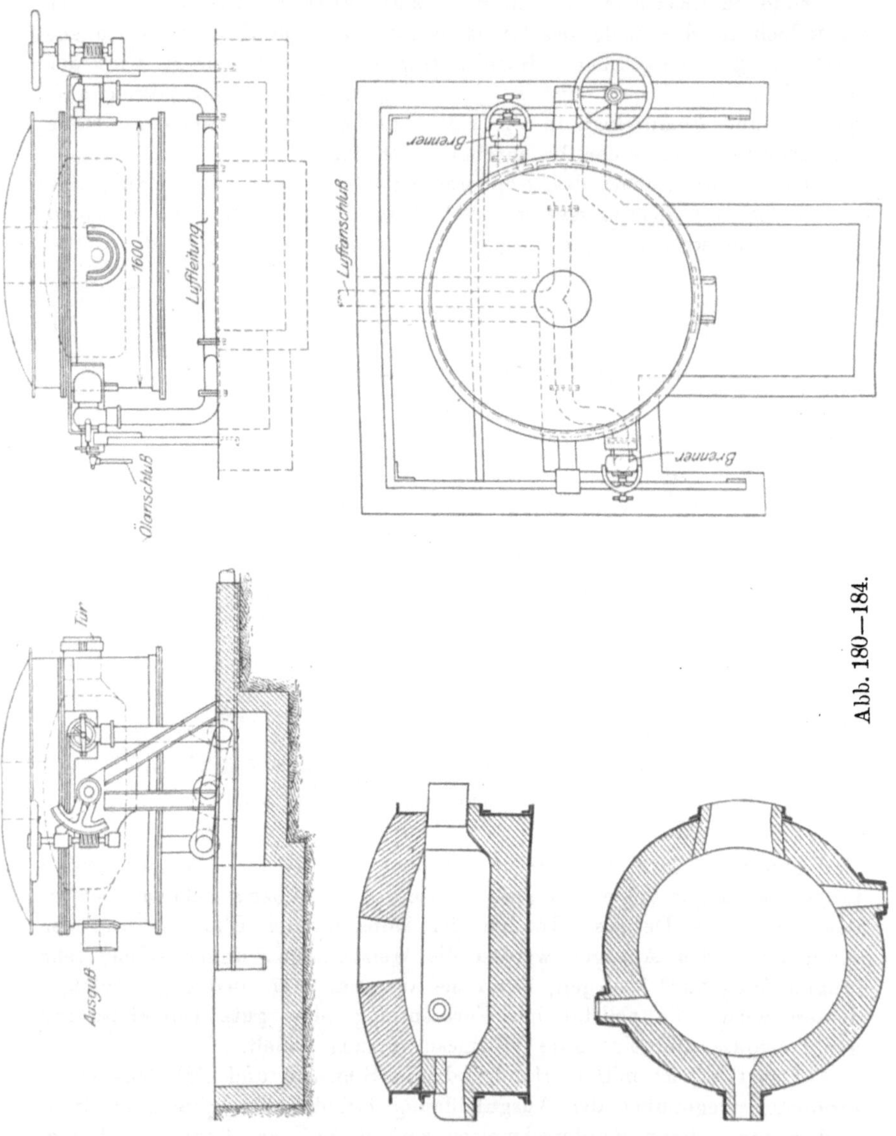

Blöcke 1,7 %, für Altmetall bis 3 %, für Späne brikettiert bis 5 %, beim Schmelzen von Reinkupfer 1—2 %. Die Schmelzdauer für Bronze und Rotguß beträgt im 500 Kilo-Ofen 50—70, im 1000 Kilo-Ofen

70 bis 90 Minuten, im 2000 Kilo-Ofen 110—130 Minuten. Für Reinkupfer ist die Schmelzdauer 10 % höher. Das Anwärmen des Ofens
dauert 30—60 Minuten.

Brasseur[1]) gibt den Ölverbrauch beim Schmelzen von Stahl
folgendermaßen an:

Ofeninhalt:	Ölverbrauch pro Charge:	Schmelzdauer Min.:
75 kg	10—12 kg	30—45
100 »	12—14 »	30—45
150 »	12—15 »	30—45
200 »	15—18 »	30—45
300 »	25—30 »	60—75

Bei großen Öfen beträgt der Abbrand 2—2,5 %.

Die Vereinigten Hüttenwerke Burbach-Eich-Düdelingen geben den
Verbrauch ihres tiegellosen Schmelzofens beim Schmelzen von Stahl auf
12 % Teer an. Das Futter soll 2—3 Monate halten und die Schmelzung von 400—1000 t Material ermöglichen. Der Abbrand beträgt
hierbei 1,5—2 %.

Martinöfen. Ein Nachteil des kippbaren tiegellosen Schmelzofens
ist seine beschränkte Größe sowie vor allem der Umstand, daß die mit
kalter Luft erreichbare Verbrennungstemperatur für gewisse schwer
schmelzbare Legierungen entweder überhaupt nicht ausreicht oder aber
eine lange Schmelzdauer und einen hohen Brennstoffverbrauch ergibt.
Diese Lücke füllt der mit Luftvorwärmung arbeitende Martinofen mit
Ölfeuerung aus. Er eignet sich zum Schmelzen von Grauguß, Temperguß, Stahl, Ferromangan, Ferrosilizium usw. Die Luftvorwärmung kann
hierbei durch Rekuperation oder Regeneration erfolgen. Zur Beheizung
wird entweder eine mit Preßluft betriebene Zerstäuberdüse, durch welche
ein möglichst kleiner Bruchteil kalter Verbrennungsluft zu schicken ist,
oder eine gebläselose Tropffeuerung verwandt.

Abb. 185 und 186 zeigen die Konstruktion des Klein-Martinofens
von Poetter. Der Ofen ist mit einem Rekuperator ausgerüstet. Die
hoch vorgewärmte Luft steigt auf der linken Seite zum Ofenkopf, an
welchem ein Zerstäuber angeordnet ist. Auf der gegenüberliegenden
Seite befindet sich der Abzug. Der Zerstäuber wird mit Preßluft von
1,5—2 Atm. betrieben und verbraucht nur 0,5 cbm pro kg Öl, d. h.
5 % der Verbrennungsluft, so daß 95 % durch den Rekuperator gehen,
welcher eine Vorwärmung auf 700—900° C bewirkt.

Abb. 187 und 188 zeigen einen Klein-Martinofen von Eckardt,
dessen Betriebsergebnisse Ring in »Stahl und Eisen, 1914« veröffent-
licht hat. Der Ofen hat ein Fassungsvermögen von 1 t. Er besitzt

---

[1]) St. u. E., 1913, S. 1281.

einen Schornstein von 650 mm ⊖ und 20 m Höhe. Unter dem Ofen ist zur Lufterhitzung ein Regenerator angeordnet; über den Ofenköpfen

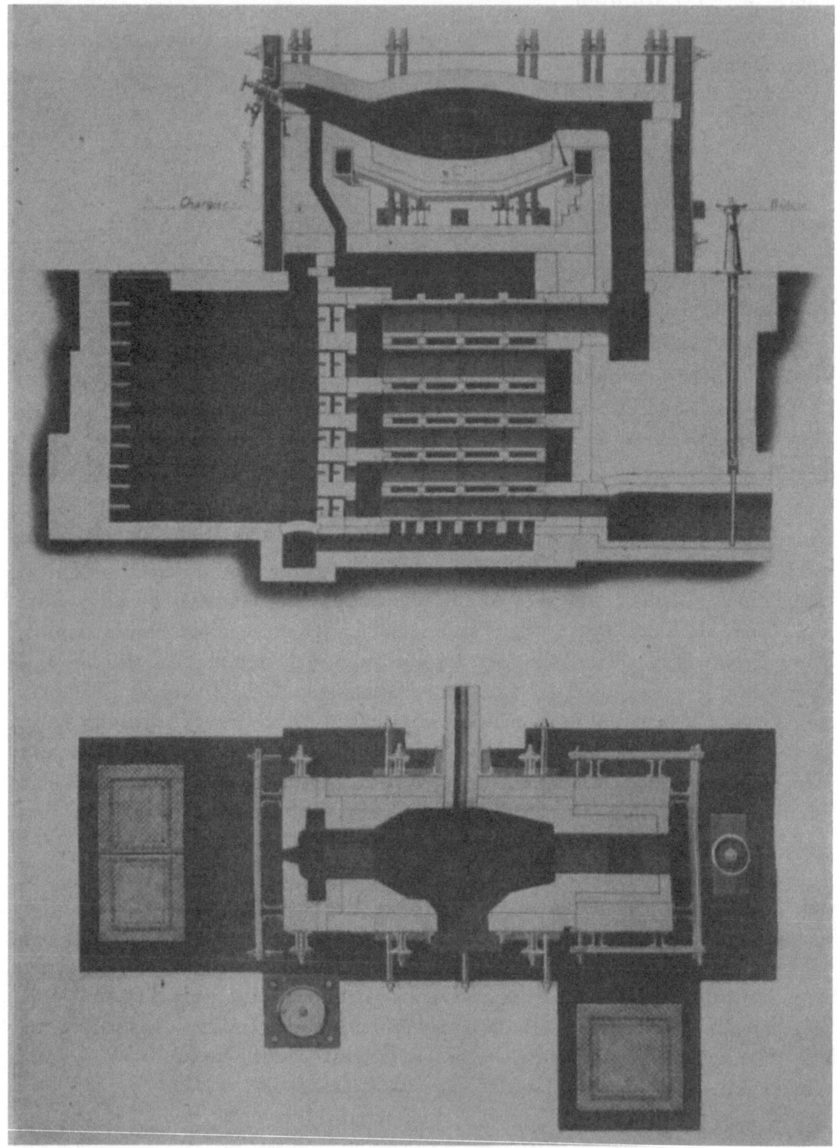

Abb. 185 u. 186.

befinden sich Zerstäuberdüsen, von denen die nicht benutzte jedesmal beim Umschalten des Regenerators ausgeschwenkt wird. Während des

Arbeitens herrscht im Schmelzraum geringer Überdruck, im Schornstein 12 mm WS. Unterdruck, in den Kammern über dem Gitterwerk 6—8 mm, in den Zügen 6 mm Unterdruck. Die Düsen sind unter 65° gegen die Badoberfläche geneigt. Das Anheizen, zu welchem 150 kg Öl erforderlich sind, dauert 3 Stunden. Die darauf folgende erste Charge dauert von Beginn des Einsetzens bis zum Abstich $3\,^1/_2$, die zweite 3 Stunden, die folgenden $2\,^1/_2$ Stunden. Der Ölverbrauch beträgt 50—55 kg stündlich. Das Fertigmachen der Schmelze erfolgt mit 0,7 % Ferromangansilizium und 0,2 % hochpronzentigem Ferrosilizium. Das erzeugte Material hatte eine Festigkeit von 33—54 kg bei bis zu 25 % Dehnung. Die Analyse ergab:

0,1   —0,45 % C.
0,45   —0,58 % Mn.
0,036 —0,055 % S.
0,34   —0,43 % Si.
0,04   —0,08 % P.

Die Gestehungskosten für die t Stahl werden folgendermaßen angegeben (in Friedensmark):

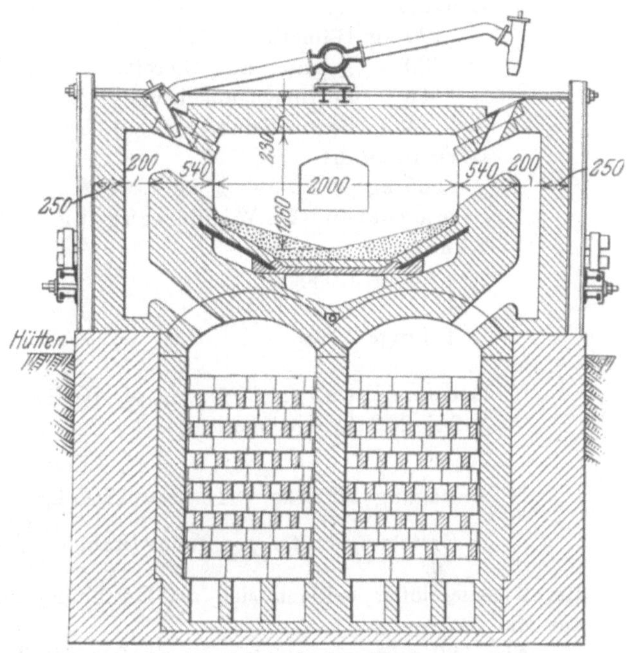

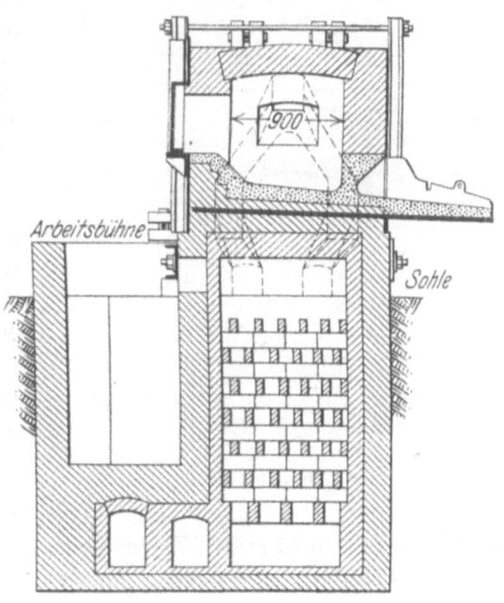

Abb. 187 u. 188.

Einsatz

400 kg Hämatit	M. 33.20
1600 » Trichter und Schrott . . . , ...	» 80.—
16 » Ferromangansilizium ⎱	7.30
4 » Ferrosilizium ⎰	

Ölverbrauch:

535 kg je M. 6.—% kg	» 32.10

Stromkosten für Winderzeugung und Kran . » 2.—

Löhne:

1 Mann 1 Tag	» 8.—
1 » 1 »	» 6.—
1 Junge 2 Std.	» 0.50
	8.—

Abschreibungen 15% von M. 7000.—

bei 250 Arbeitstagen.	» 4.20

Erzeugungskosten M. 181.30

Erzeugung 2000 kg — 15% = 1700 kg, somit

$$\text{Gestehungskosten pro Tonne Stahl} \quad \frac{181,3}{1,7} = . \quad . \quad \text{M. 106.50}$$

Bei Kokstiegelöfen beliefen sich die Gestehungskosten für die t Stahl auf Mk. 247.—.

Abb. 189 zeigt einen Klein-Martinofen mit Tropfölfeuerung[1]. Die Anschaffungskosten derartiger Öfen sind infolge Wegfalls von Gebläse sehr gering. Jedoch macht das Anheizen gewisse Schwierigkeiten, weil die Tropfölfeuerung nur bei guter Luftvorwärmung richtig funktioniert. Man wird daher, wenn möglich, mit Gas anheizen oder den Ofen in Betriebspausen durchfeuern, wozu allerdings nur wenig Brennstoff erforderlich ist. Wo Preßluft zur Verfügung steht, wird man aber diesen Schwierigkeiten durch Anwendung eines Zerstäubers lieber aus dem Wege gehen.

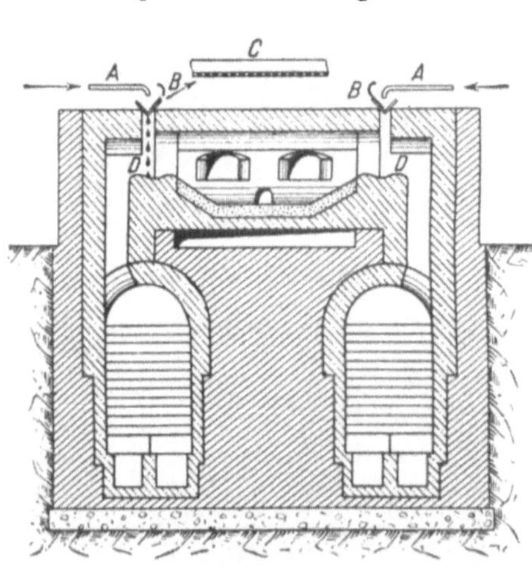

Abb. 189.

Für einen 4 t-Martinofen wird der Brennstoffverbrauch auf 137 kg/St von 11 200 WE. angegeben bei einem Einsatz von 1300 kg Roheisen und 2700 kg Schrott sowie einer Chargendauer von 4 Stunden.

---

[1] Feuerungstechnik 1915, Nr. 35.

Für einen anderen Ofen dieser Größe mit einer kalten Beschickung mit Hämatitroheisen und Schrott wird der Ölverbrauch auf 13 % angegeben, wobei die Ofenausmauerung 1700 Chargen aushielt.

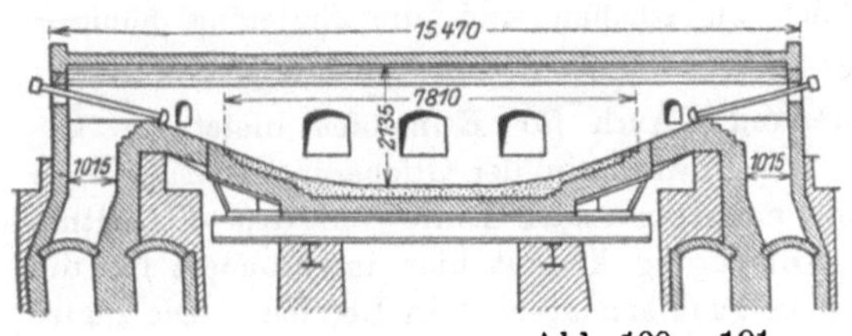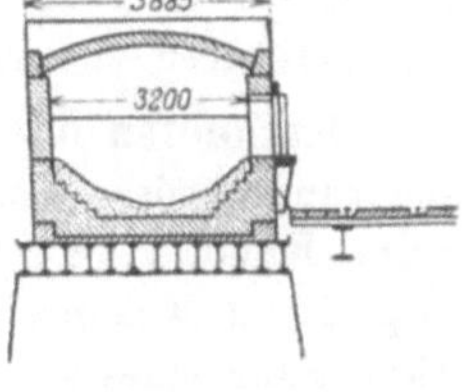

Abb. 190 u. 191.

Einen 25 t-Martinofen nach Ploehm[1]) zeigen Abb. 190 und 191. Der Ofen besitzt zwecks guter Ausnutzung der Flamme eine große Längsausdehnung. Die Zerstäuber sind mit Wasserkühlung ausgerüstet und bleiben auch während der Außerbetriebsetzung im Ofen. Die Badtiefe beträgt 0,4—0,45 m. Die Zerstäuber arbeiten mit 4,2 Atm. Luftpressung beim Schmelzen, mit 3 Atm. während der Arbeitsperiode. Das vom Ofen erzeugte Produkt hat folgende Zusammensetzung: 0,205 % C., 0,315 % Si., 0,68 % Mn., 0,018 % P., 0,024 % S. Die Dauer einer 25 t Charge beträgt 5½ Stunden. Die Ausmauerung des Ofens hielt 1062 Chargen.

Abb. 192 und 193 zeigen einen Martinofen mit Rohölfeuerung nach

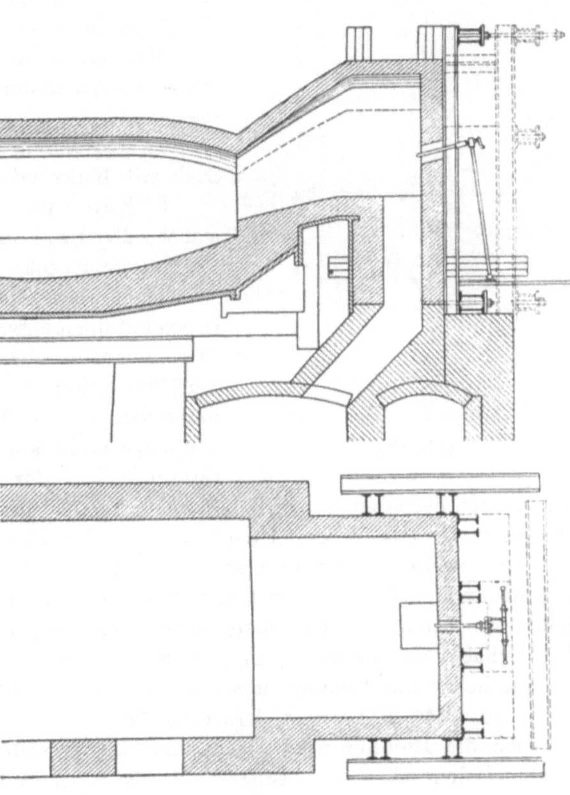

Abb. 192 u. 193.

1) Glasers Annalen, 1918.

Schweitzer[1]). Der Ofen ist mit ausschwenkbaren Brennern ausgerüstet.

Bei Martinöfen wird Ölfeuerung bisweilen als Zusatzfeuerung zur Hochofengasbeheizung angewandt, um gegenüber dem minderwertigen Hochofengas einen Ausgleich zu schaffen und die Erzielung höherer Temperaturen zu ermöglichen.

Kupolöfen mit Ölfeuerung. Auch für Kupolöfen bietet die Ölfeuerung gewisse Vorteile. Die Anwendung der Ölfeuerung ist hier eine reine Kalkulationsfrage und hängt in erster Linie von dem Verhältnis Ölpreis zu Kokspreis ab. Ölfeuerung kommt hier insbesondere für die Erzeugung eines schwefelarmen Qualitätsmaterials in Betracht. Die ganze Frage befindet sich jedoch noch im Stadium der Entwicklung. Allgemein kann gesagt werden, daß wohl stets auf den Satzkoks nicht ganz verzichtet werden kann mit Rücksicht auf die chemischen Vorgänge im Ofen.

Man kann im Prinzip folgende Bauarten von ölgefeuerten Kupolöfen unterscheiden.

1. Kupolöfen für alternativen Betrieb mit Koks oder Öl,

2. Kupolöfen für reinen Ölbetrieb, wobei allerdings die obige Bemerkung über den Satzkoks zu beachten ist.

Die erstere Bauart stimmt im wesentlichen mit derjenigen gewöhnlicher Kupolöfen überein, besitzt jedoch in jeder Luftdüse einen von außen eingeführten herausnehmbaren Preßluft-Ölzerstäuber. Derartige Öfen können also beliebig mit reinem Koks oder mit Öl bei geringem

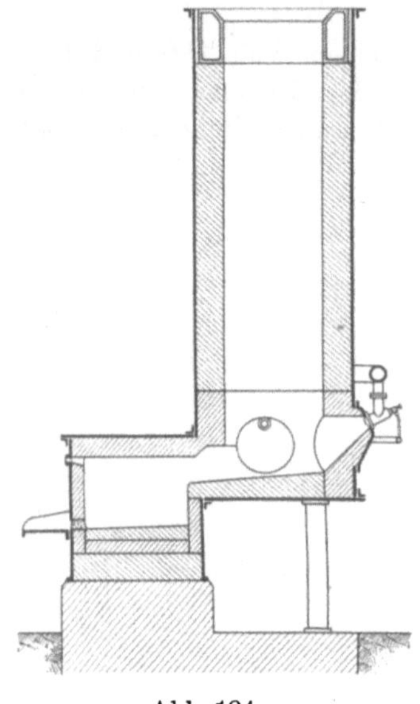

Abb. 194.

Kokszusatz betrieben werden. Charakteristisch für sie ist, daß die Verbrennung des Öls in der Hauptsache in der Beschickungssäule erfolgt.

Die zweite Bauart unterscheidet sich von der gewöhnlicher Kupolöfen dadurch, daß sie nicht einen Düsenring besitzt, sondern zwei oder mehr am Umfang angeordnete Brennerstutzen, die sich konisch nach dem Schacht zu erweitern, und in welchen die Verbrennung zum Teil erfolgt, bevor die Flamme mit dem Material in Berührung kommt.

Abb. 194 zeigt einen derartigen Ofen.

An die Brenner muß die Anforderung gestellt werden, daß sie sowohl oxydierend oder reduzierend als auch neutral wirken können.

---

1) Schweitzer, Über Rohölfeuerungen in Hüttenwerken, St. u. E., 1916, S. 1174.

Letzteres insbesondere erfordert eine rasche und vollkommene Zerstäubung,
wie sie am besten durch Preßluft erreicht wird. Da Preßluft in jeder
modernen Gießerei zu finden ist, werden hierdurch Komplikationen
nicht bedingt. Die Hauptmenge der Verbrennungsluft wird dabei wie
beim Koksbetrieb durch ein Root- oder Turbogebläse zugeführt. Eine
solche Brennerkonstruktion gewährleistet die erforderliche Beherrschung
des Verbrennungsvorgangs. (Vgl. auch Abb. 58, 59 und 60).

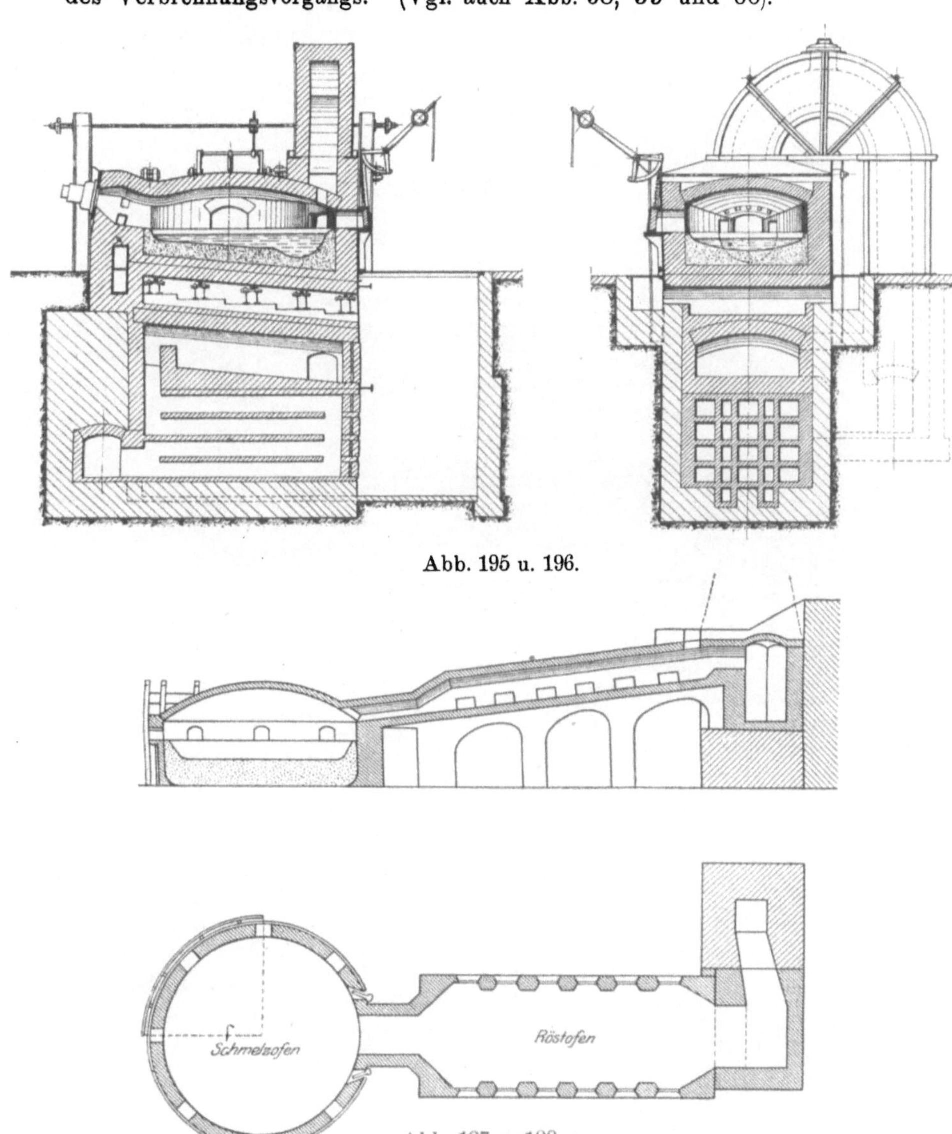

Abb. 195 u. 196.

Abb. 197 u. 198.

Kupferschmelzöfen. Abb. 195 und 196 zeigen einen Kupferschmelz- und Raffinierofen mit Regenerator des Rhein.-Vulkan. Der Brenner ist gegen die Badoberfläche geneigt, so daß eine gute Wärmeübertragung gewährleistet ist.

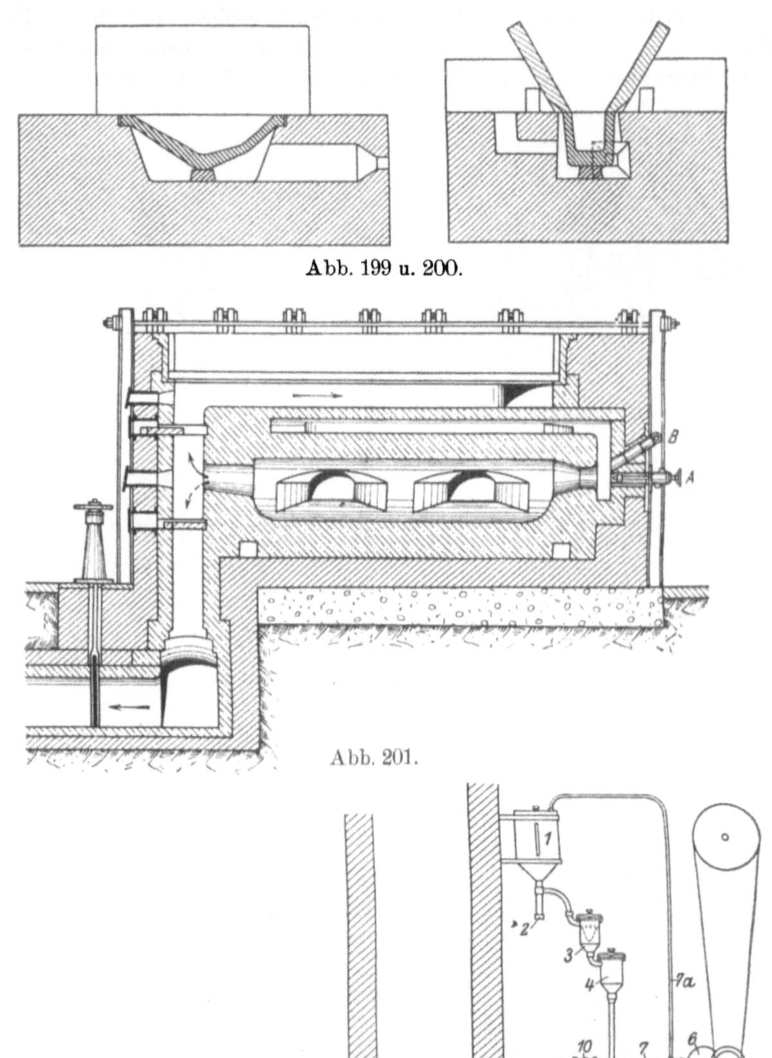

Abb. 199 u. 200.

Abb. 201.

Abb. 202 u. 203.

Abb. 197 und 198 zeigen einen Schmelz- und Röstofen nach Siemens, wie er in Süd-Rußland zur Kupfergewinnung benutzt wird. Der Ofen besteht aus dem kreisrunden Schmelzofen und dem länglichen geneigten Röstofen. Das Erz wird am oberen Ende des letzteren aufgegeben. Zwei neben dem Verbindungskanal vom Röstofen zum Schmelzofen tangential in letzteren blasende Brenner halten das geschmolzene Material auf Temperatur. Die im Schmelzofen umkehrende Flamme tritt in den Röstofen über, wobei die Abgase zum Rösten benuzt werden.

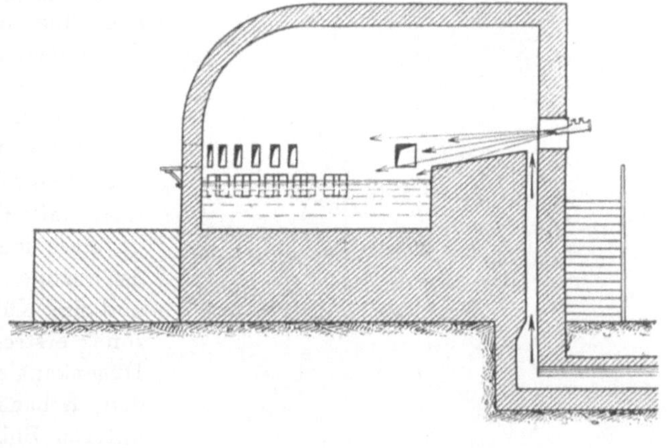

Tauchlötöfen. Abb. 199 und 200 zeigen den Längs- und Querschnitt eines Tauchlötofens von Pierburg, wie er zum Löten von Fahrradrahmen benutzt wird.

Einen Kalzinierofen mit Ölfeuerung zeigt Abb. 201. Ein Teil der Verbrennungsluft wird über dem Gewölbe des Ofens vorgewärmt. A ist der Zerstäuber, B eine Schau- und Zündöffnung.

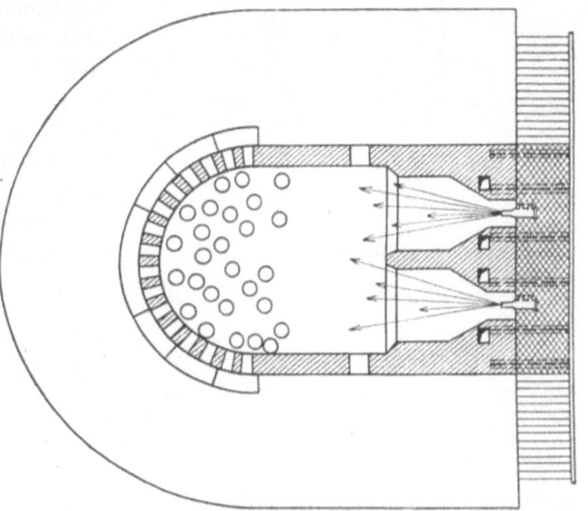

Abb. 204 u. 205.

Trockenkammern. Abb. 202 und 203 zeigen den Längs- und Querschnitt einer Trockenkammer mit Ölfeuerung. Zwischen den Schienen, auf denen die zu trocknenden Wagen ein- und ausgefahren werden, sind Verbrennungskanäle angeordnet, welche durch je einen Brenner beheizt werden.

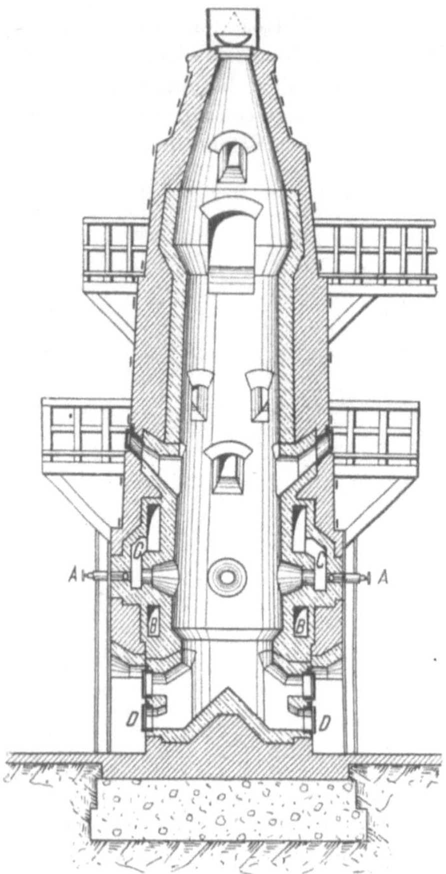

Abb. 206.

Glasschmelzöfen. Abb. 204 und 205 zeigen einen Glasschmelzofen von Wolf[1]) mit über dem Schmelzraum angeordneter Feuerung. Dies stellt eine wesentliche Verbesserung gegenüber der Kohlenfeuerung dar, welche unter dem Schmelzraum angeordnet werden muß und daher mit erheblich größerem Brennstoffverbrauch arbeitet.

Abb. 206 zeigt einen Kalkofen mit Ölfeuerung[2]). Man unterscheidet an demselben eine Brennzone, eine Vorwärmzone und eine Kühlzone. Die Brennzone erstreckt sich von den Düsenkanälen aufwärts bis zu den Schauöffnungen an der unteren Bühne. Darüber liegt die Vorwärmzone, darunter die Kühlzone. Nur ein Teil der Luft tritt, in den Kanälen B und C vorgewärmt, zu den Brennern. Der übrige Teil tritt durch die Öffnungen D ein, kühlt den gebrannten Kalk und wärmt sich selbst dabei hoch vor.

Abb. 207[2]) zeigt einen Sulfat-Muffelofen mit Ölfeuerung.

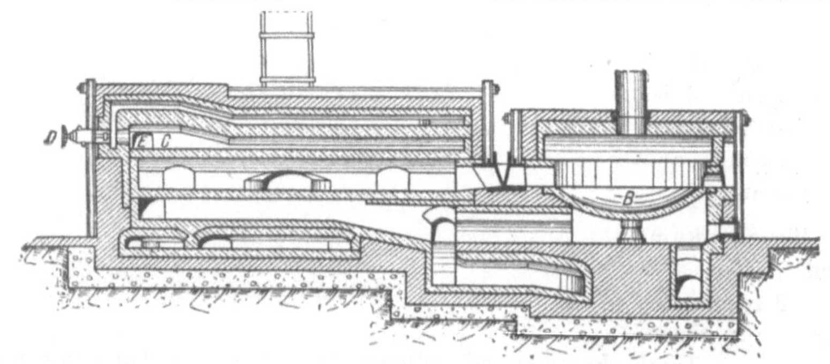

Abb. 207.

[1]) Glasers Annalen, 1918.
[2]) Feuerungstechnik, 1915, Nr. 35.

Einen Email-Brennofen mit Ölfeuerung und Luftvorwärmung zeigt
Abb. 208 [1]). Absolute Betriebsicherheit und Qualmfreiheit ist für der-

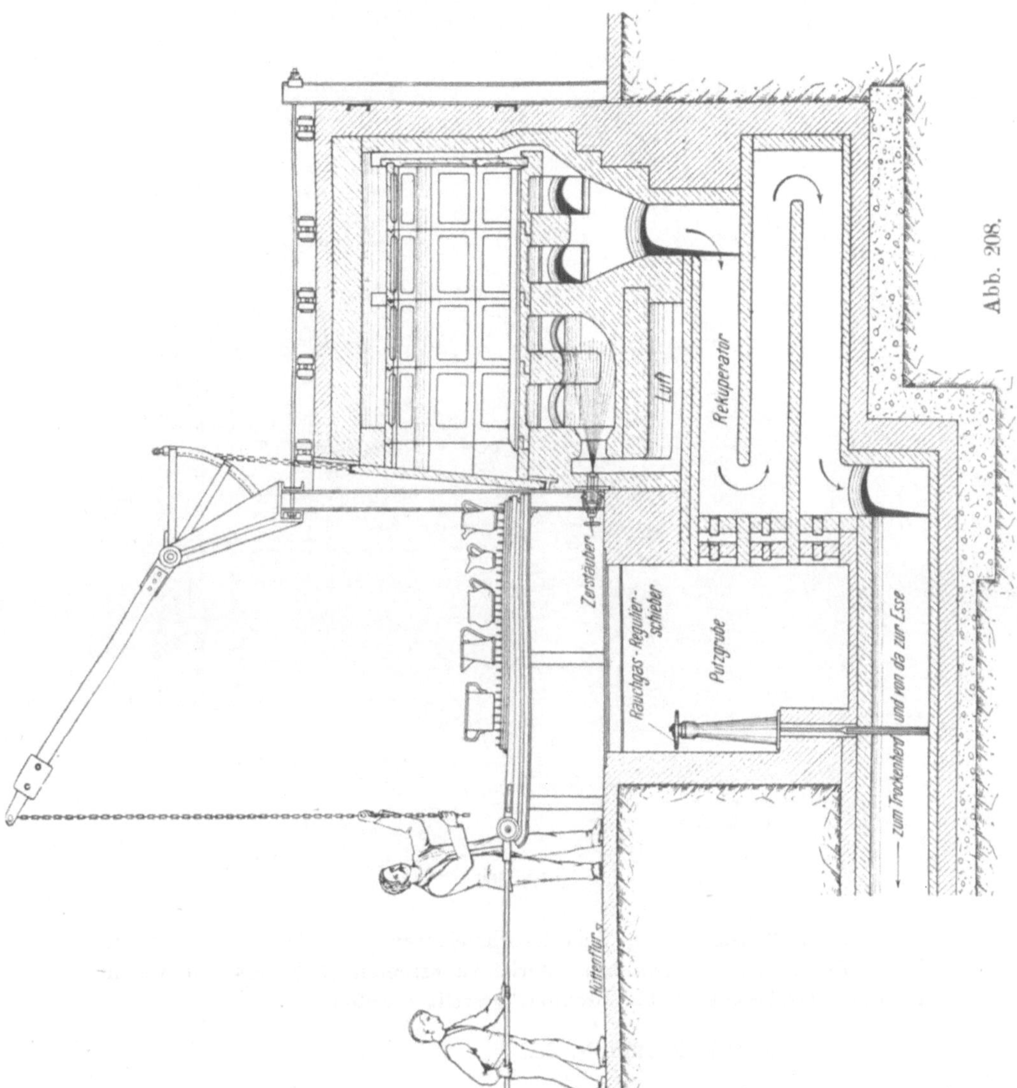

artige Öfen unerläßlich, da mit kleinen Undichtheiten in der Muffel
gerechnet werden muß.

---

[1]) Feuerungstechnik, 1915, Nr. 35.

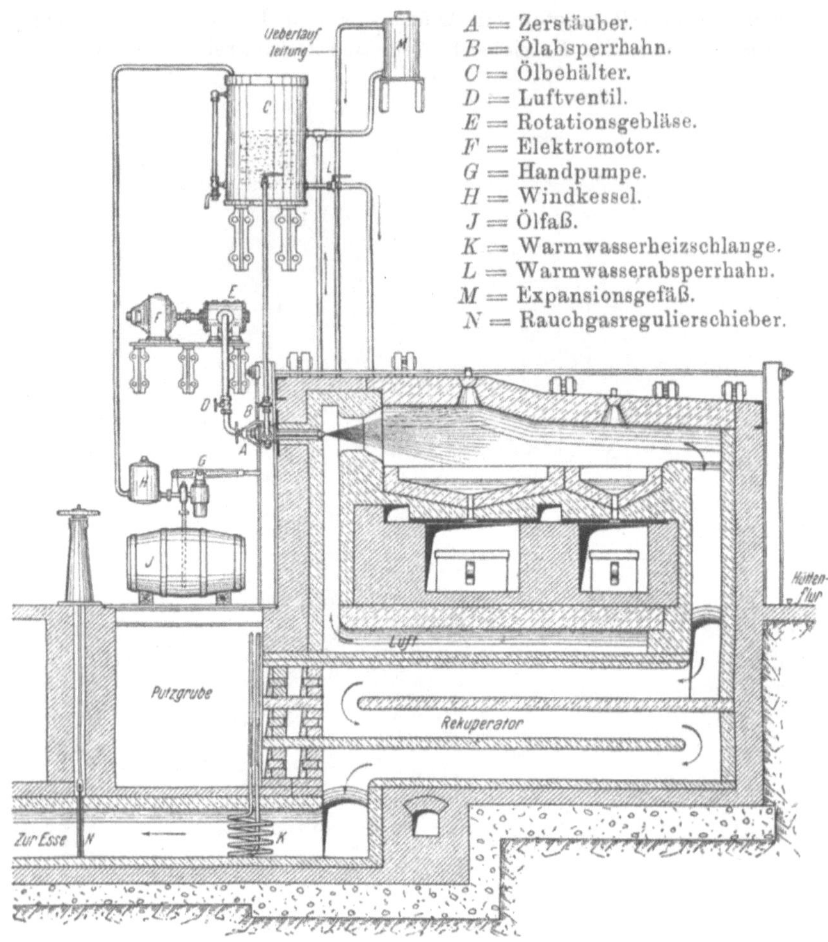

Abb. 209.

Abb. 209 zeigt einen Emaille-Schmelzofen [1] mit Ölfeuerung. Auch hier müssen, um ein Qualitätsmaterial zu erzielen, hohe Anforderungen an die **Zuverlässigkeit des Brenners** gestellt werden.

[1] Feuerungstechnik, 1915, Nr. 35.